Andreina Contessa

Ars Botanica
Giardini di carta nella biblioteca di Miramare
Paper gardens in the Miramare library

SilvanaEditoriale

ARS BOTANICA
Giardini di carta nella biblioteca di Miramare
Trieste, Museo Storico e il Parco del Castello di Miramare
15 settembre 2022 – 11 giugno 2023

Museo

Direttore
Andreina Contessa

Consiglio di Amministrazione
Andreina Contessa
Elena Cantori
Andreas Otto Kipar
Marta Mazza
Gianni Torrenti

Comitato Scientifico
Andreina Contessa
Rita Auriemma
Nicola Bressi
Fernando Mazzocca
Lionella Scazzosi

Collegio dei Revisori dei Conti
Debora Gobbini
Nicola Cicchitti
Gianni Rossit

Amministrazione e Risorse umane
Italo Battagliese

Collezione e Mostre
Fabio Tonzar
Alice Cavinato

Comunicazione e Didattica
Marta Nardin

Contabilità e Bilancio
Andreina Contessa

Informatica e Web
Massimo Ambrosi

Tecnica e Sicurezza
Francesco Krecic
Carlo Mandredi
Giorgia Ottaviani

Segreteria
Luca Gherghetta
Michela Riva

Mostra

A cura di
Andreina Contessa

Assistenza alla Curatela
Daniela Crasso
Fabio Tonzar

Registrar della Biblioteca
Daniela Crasso

Registrar della Mostra
Veronica Del Re

Conservazione, Restauri
e Movimentazione Opere
Fabio Tonzar
Nicoletta Buttazzoni

Promozione e Comunicazione
Marta Nardin
Isabella Franco per Verona83
Irene Thé

Coordinamento tecnico e Sicurezza
Carlo Manfredi

Progetto e Direzione Lavori
corde architetti associati

Progetto Grafico
Design Associati

Allestimento
Bottega - Architetture Espositive

Prestito Opere
*Galleria Sabauda, Musei Reali
di Torino*

*Museo Civico di Storia Naturale
di Trieste*

Monografia

Testi di
Andreina Contessa

Schede di
Daniela Crasso

Assistenza Editoriale
Veronica Del Re

Fotografie
Matteo Weber (libri e collezioni)
Federico Valente (statue del Parco)
*Stefano Cofolli (veduta aerea di
Castello e Parco)*

Concessione Immagini
Biblioteca Civica "V. Joppi", Udine

*Biblioteca Estense, Gallerie Estensi,
Modena*

*Galleria Sabauda, Musei Reali
di Torino*

*Museo Civico di Storia Naturale
di Trieste*

*Museo di Geologia e Paleontologia,
Università degli Studi di Padova*

Ringraziamenti/
Acknowledgements

Si ringraziano tutte le istituzioni che hanno fornito immagini, materiale e informazioni per la realizzazione della mostra e della monografia.

Biblioteca Civica "V. Joppi", Udine
Cristina Marsili, Responsabile Sezione Manoscritti e Rari
Federica Pellini
Marco Pispisa

Gallerie Estensi, Modena
Martina Bagnoli, Direttrice
Biblioteca Estense Universitaria, Modena
Grazia Maria De Rubeis
Maria Elisa Agostino, Nadia de Lutio

Musei Civici, Trieste
Francesca Locci, Direttrice
Patrizia Fasolato, Nicola Bressi, Livio Fogar, Fulvio Tomsich Caruso

Musei Reali, Gallerie Sabaude, Torino
Enrica Pagella, Direttrice
Annamaria Bava, Sofia Villano

Schlösser und Sammlungen Stiftung Preußische Schlösser und Gärten Berlin-Brandenburg
Samuel Wittwer, Direktor
Katrin Schröder
Eva Wollschläger (Königliche Porzellan-Manufaktur Berlin-ARCHIV)

Università di Padova
Museo di Geologia e Paleontologia
Luca Giusberti, Responsabile
Mariagabriella Fornasiero

Un caloroso ringraziamento a tutta l'équipe e ai collaboratori del Museo Storico e il Parco del Castello di Miramare.

Crediti fotografici
Tutte le immagini di questo libro, se non diversamente indicato, appartengono alle collezioni del Museo Storico e il Parco del Castello di Miramare.

Tutti i diritti sono riservati/All rights reserved - Museo Storico e il Parco del Castello di Miramare - Ministero della Cultura

La biblioteca di Miramare racchiude uno scrigno di libri mai rivelati riguardanti la botanica, i fiori, le piante, i giardini. Questi libri svelano gli interessi e le conoscenze di chi ha concepito il giardino nella sua più intima ispirazione.
Il giardino dell'arciduca Ferdinando Massimiliano d'Asburgo (1832-1867) e della sua consorte Carlotta del Belgio (1840-1927) è una creazione utopica, un mondo al contempo naturale, artificiale e artistico, nel quale prende forma un ideale di perfezione, bellezza e relazione con la natura.
La creazione di un giardino richiede molteplici competenze per la sua concezione e realizzazione, che si tratti dell'ideazione del suo grande progetto, della creazione di una rete idraulica, di padiglioni, serre e fontane, della messa a dimora di vegetali, dell'acclimatazione di flora proveniente da territori lontani.

Il giardino di Miramare è un'armonica mescolanza di stili, forme e caratteri, un progetto permeato dello spirito dell'Ottocento, periodo in cui il nuovo orientamento scientifico e il rinato gusto per lo studio della natura ne designarono il ruolo come luogo di sperimentazione e raccolta di collezioni botaniche.

Conoscere i libri che furono acquistati e studiati da chi ha creato questo giardino ci fa comprendere il *Genius loci* di Miramare, la sua anima botanica informata da viaggi di scoperta ed esplorazione, la sua nozione estetica. La biblioteca botanica è un giardino su carta che ci guida nel percorso di sogno e meditazione ideato in un colto salotto aristocratico dell'Ottocento.

The Miramare library is a treasure chest of unveiled books on botany, flowers, plants, and gardens. These books shed light on the interests and knowledge of those who conceived the castle garden and on their most intimate sources of inspiration.
The garden of archduke Ferdinand Maximilian of Habsburg (1832-1867) and his wife Charlotte of Belgium (1840-1927) is a utopian creation, a world at once natural, artificial and artistic, in which an ideal of perfection, beauty and relationship with nature takes shape.
Creating a garden requires multiple skills for its conception and implementation, whether it involves the grand design as a whole, the creation of a hydraulic network, pavilions, greenhouses and fountains, or the planting and acclimatisation of flora from faraway lands.

The Miramare garden is a harmonious amalgam of styles, forms and characters, a project steeped in the spirit of the nineteenth century, a period in which the new scientific approach and the renewed taste for the study of nature determined the role of the garden as a place of experimentation and collection of botanical species.

Knowing the books that were purchased and studied by those who created this garden, gives us an understanding of Miramare's *Genius loci*, its botanical soul informed by voyages of discovery and exploration, its aesthetic notion.
The botanical library is a garden on paper that guides us along a path of dreams and meditations born in a cultivated, aristocratic salon of the nineteenth century.

Agapanthus umbellatus,
in Pierre-Joseph Redouté,
Les liliacées, Paris 1802-1816.

Sommario
Contents

10 La biblioteca

11 The library

14 Massimiliano botanico

15 Maximilian the botanist

24 Carlotta e la botanica

25 Charlotte and botany

40 L'arte botanica

41 Botanical art

74 Libri e giardini

75 Books and gardens

80 Il castello in fiore

81 The blossoming castle

86 Anima del giardino

87 Soul of the garden

94 Selezione bibliografica/Selected bibliography

97 Breve catalogo ragionato/Short catalogue raisonné

147 Indice dei libri della biblioteca su botanica e giardini
Index of library books on botany and gardens

La biblioteca

Simbolico *trait d'union* tra gli appartamenti di Massimiliano e quelli di Carlotta, la biblioteca raccoglie una collezione di oltre settemila volumi. Le foto d'epoca ci restituiscono l'immagine della sala al suo stadio originale, con gli scaffali a muro, la scrivania, il globo, alcune poltrone, e i quattro busti dei poeti recanti le effigi di Omero, Dante, Shakespeare e Goethe, definiti dall'arciduca i quattro più grandi poeti che emergono dalle loro nazioni, situazioni ed epoche, geni universali che appartengono a tutti i popoli. I busti erano stati commissionati nel 1859 all'artista lipsiano Hermann Knaur (1811-1872), che godeva al tempo di fama internazionale.

Il globo con incisioni di rame, il circolo meridiano in ottone, e l'orizzonte costituito da un circolo in legno, sul cui piano compaiono i gradi, i segni zodiacali, i nomi dei mesi e i punti cardinali, denota la passione di Massimiliano per i viaggi d'esplorazione. Infatti, sulla superficie del globo, in riferimento ad alcuni luoghi, vengono riportati la data della scoperta e il nome dell'esploratore. L'autore del globo, Joseph Jüttner, fu uno dei massimi produttori austriaci di strumenti scientifici, globi terrestri, globi celesti e sfere armillari, attivo tra gli anni venti e gli anni quaranta dell'Ottocento.

Al contempo luminosa e raccolta, affacciata sul balcone a mare con vista aperta sull'Adriatico, la biblioteca alberga una serie di libri d'uso e non da collezione, editi in gran parte tra il 1820 e

La biblioteca di Miramare/ Miramare library, in Guglielmo Sebastianutti, *Album Miramar*, Leipzig 1873. Trieste, Museo Storico e il Parco del Castello di Miramare.

The library

A symbolic bridge between Maximilian's and Charlotte's apartments, the historical library features a collection of over seven thousand volumes. A few nineteenth-century photos from the museum collection offer us an image of the room as it was originally, with the wall shelves, a desk, a globe, some armchairs, and the four busts of the poets Homer, Dante, Shakespeare, and Goethe, who the archduke said were the four greatest poets to have risen from their nations, circumstances, and eras, universal geniuses belonging to all the peoples of the world. The busts had been commissioned in 1859 from the artist from Leipzig, Hermann Knaur (1811-1872), who enjoyed international fame at the time.

The globe presents copper-engraving, a brass meridian circle, and the horizon consisting of a wooden circle, on the plane of which appear the degrees, zodiac signs, names of months, and cardinal points. The globe attests to Maximilian's passion for voyages of exploration; as a matter of fact, the surface of the globe bears the date of several discoveries and the name of the explorer who discovered a certain place. The globe's maker, Joseph Jüttner, was one of Austria's leading manufacturers of scientific instruments, terrestrial globes, celestial globes, and armillary spheres between the 1820s and 1840s.

At once bright and cosy, the library opens on the balcony facing the sea affording an open view of the Adriatic; it hosts a range of books, most of which published roughly between 1820 and 1870. They were purchased to be read and used, not collected as rare book. Some have precious bindings, such as those belonging to Charlotte, who distinguished them with her monogram, formed by her initials "CH" topped by a crown.

The first catalogue of the library's books, drawn up in 1863 and published in Vienna *(Katalog der Bibliothek von Miramar. Abgeschlossen im Juli 1863,* 1863), mentioned 3,550 titles, arranged in 24 sections, which reflect the nineteenth-century baggage of knowledge, the education received as well as the cultural interests of the archduke and his wife. These include philosophy, religion, politics, law, economics, anthropology, navigation and naval sciences, literature, art, history, geography, physics and all the sciences, including botany and of course gardening. Great attention went to war strategies, maps, expeditions, and travel.

The largest sections are those devoted to geography and ethnography. The texts are published in major European languages as well as in minor languages.

The *Botany* chapter in the catalogue of the library is part of the larger section indicated by the number XIV *Natural Sciences*, which also includes volumes on *Physics and Meteorology*, *Chemistry*, *Mineralogy*, *Geology and Palaeontology*, *Zoology*, *Anthropology and Medicine*.

In the Botany section, there are atlases and manuals of botany, studies on specific plant species (including Liliaceae, Palms, Conifers, Cypresses, Orchids, and Sponges), treatises on specific places (Prague, Jihlava in the Czech Republic and the Botanical Garden of Padua), and texts on the research carried out during scientific expeditions. An independent section is devoted to works on gardens called *Gardening*. Many books in these sections belonged to Charlotte.

The bindings in these two sections testify to frequent use, most likely by both the library patrons.

il 1870 circa. Alcuni presentano rilegature preziose, come quelle appartenenti a Carlotta, che li distingue con il suo monogramma formato dalle iniziali "CH" sovrastate da una corona.

Nel primo catalogo dei libri, redatto nel 1863 e pubblicato a Vienna, sono menzionati 3550 titoli, ordinati in 24 sezioni, che bene riflettono l'ordinamento del sapere ottocentesco, l'educazione ricevuta ma anche gli interessi culturali della coppia arciducale (*Katalog der Bibliothek von Miramar. Abgeschlossen im Juli 1863,* 1863). Essi includono filosofia, religione, politica, diritto, economia, antropologia, nautica e scienze navali, letteratura, arte, storia, geografia, fisica e tutte le materie scientifiche, tra le quali botanica e naturalmente giardinaggio. Grande attenzione è prestata alle strategie belliche, alle mappe, alle spedizioni e ai viaggi.

Tra le sezioni più fornite la geografia e l'etnografia. I testi sono editi nelle principali lingue europee, ma anche ma anche in quelle di minore diffusione.

Il capitolo *Botanica* nel Catalogo della biblioteca storica si inserisce nella più ampia sezione indicata con il numero XIV di *Scienze naturali*, che comprende anche volumi di *Fisica e Meteorologia*, *Chimica*, *Mineralogia*, *Geologia e Paleontologia*, *Zoologia*, *Antropologia e Medicina*.

Nella sezione Botanica, compaiono atlanti e manuali di botanica, studi su specie vegetali specifiche (tra cui le liliacee, le palme, le conifere, i cipressi, le orchidee, le spugne), trattazioni riferite a singoli luoghi (Praga, Jihlava nella Repubblica Ceca e l'Orto Botanico di Padova), testi relativi alle ricerche compiute durante le spedizioni scientifiche. Una sezione indipendente è dedicata alle opere sui giardini denominata *Giardinaggio*. Molti libri di queste sezioni appartenevano a Carlotta.

Le rilegature di queste due sezioni testimoniano un uso frequente, molto probabilmente da parte di entrambi i frequentatori della biblioteca.

Yucca gloriosa, in Pierre-Joseph Redouté, *Les liliacées*, Paris 1802-1816.

Yucca Gloriosa   *Yucca à feuilles entières*

P.J. Redouté pinx.   Langlois sculp.

Massimiliano botanico

Collezionista eclettico, amante dell'arte e della scienza, aggiornatissimo sulle scoperte e sulle mode del suo tempo, Massimiliano coltivava fin da giovanissimo una vera passione per la botanica, come rivelano la sua firma e la data 1844 scritta da Massimiliano – allora dodicenne - sul frontespizio di un trattato sulla vegetazione selvatica della Germania (Cürie, *Anleitung die in Deutschland wildwachsenden Pflanzen*, 1843; cat. 8).
Di particolare rilevanza fu la spedizione organizzata su iniziativa dell'arciduca tra il marzo del 1857 e l'agosto del 1859 sulla fregata *Novara*, al fine di effettuare un viaggio di circumnavigazione del globo a carattere diplomatico, scientifico, commerciale e militare. Gli obiettivi principali erano l'esplorazione e la descrizione cartografica di zone della Terra non ancora conosciute, la catalogazione e lo studio di minerali, specie vegetali, specie animali e popolazioni indigene. Tra le indagini da compiere, vi erano la descrizione e lo studio di fenomeni fisici e astronomici, per interesse scientifico e medico ma anche come ausilio alla navigazione.
Tra le più importanti ricerche compiute dall'arciduca va annoverata la sua spedizione in Brasile tra il 1859 e il 1860 e lo studio della specie delle *Aroideae*, alcune delle quali portano il suo nome. Il viaggio esplorativo di Massimiliano in Brasile aveva guadagnato all'arciduca una certa fama nel mondo dei botanici, tanto che Roberto De Visiani, allora prefetto dell'Orto Botanico di Padova (1836-1878), diede il nome di Massimiliano a una palma fossile di grandiosa mole ritrovata presso Solcedo in provincia di Vicenza nel 1863. La *Latanites Maximiliani*, proveniente dagli strati dell'età oligocenica (ca. 30 milioni di anni fa), era a quel tempo l'unico esemplare perfetto per la conservazione nella sua interezza conosciuto in Italia (De Visiani, *Sopra una nuova specie di palma fossile*, 1867; cat. 9).
Tra le piante dedicate a Massimiliano ricordiamo la *Polanisia Maximiliani Wawra* (Wawra, Peyritsch, *Sertum Benguelense*, 1860, p. 13; cat. 46), una pianta africana anche nota come *Cleome foliosa*, e una viola (Leseman, *Viola tricolor,* s.d., cat. 16). Tra i fiori scoperti e studiati in Brasile alcuni portano il suo nome, la *Myrcia Imperatoris Maximiliani*, l'*Oncidium Imperatoris Maximiliani* e la *Bignonia Imperatoris Maximiliani* (Wawra, *Botanische Ergebnisse*, 1866; cat. 48).

Da alcuni documenti conservati presso l'Archivio di Stato di Trieste (Archivio di Stato di Trieste, Miramar, fasc. 27, doc. 264-270), si evince che fu su iniziativa e con partecipazione di Massimiliano che prese avvio la pubblicazione del libro di botanica sui risultati della spedizione in Brasile (Wawra, *Botanische Ergebnisse,* 1866; cat. 48). Sono stati infatti rinvenute le richieste di preventivo per la pubblicazione inviate a diverse case editrici per un'opera di botanica di quaranta fogli di testo e tavole illustrative da stampare a fascicoli in trecento copie. I fascicoli dovevano essere illustrati da litografie artistiche di Anton Hartinger, artista viennese, pioniere della cromolitografia, che produsse spettacolari illustrazioni botaniche. Delle cento tavole previste, trenta sarebbero state stampate in esacromia, mentre le rimanenti settanta sarebbero state eseguite in bianco e nero. La tecnica di stampa era l'incisione, che avrebbe permesso di ottenere un risultato ottimo sul piano qualitativo, ma con un notevole dispendio di tempo e costi economici elevati, a causa della complessità del lavoro di predisposizione delle pietre litografiche. Le prove di stampa di queste immagini in formato in folio sono state recentemente individuate nella collezione del museo.

Maximilian the botanist

An eclectic collector, a lover of the arts and science, and always abreast of the latest discoveries and fashions of his time, Maximilian cultivated a true passion for botany from a very young age, as revealed by his signature and the date "1844" written by Maximilian – then 12 years old – on the title page of a treatise on the wild vegetation of Germany (Cürie, *Anleitung die in Deutschland wildwachsenden Pflanzen*, 1843; cat. 8).

Of particular significance was the expedition organised at his initiative between March 1857 and August 1859 on the frigate *Novara* to circumnavigate the globe for diplomatic, scientific, commercial and military purposes. The main objectives were the exploration and mapping of undiscovered parts of the globe, and the cataloguing and study of minerals, plant species, animal species and Indigenous peoples. The research to be carried out included the description and study of physical and astronomical phenomena, for scientific and medical interest, but also as an aid to navigation.

Among the most important research campaigns completed by the archduke was his expedition to Brazil between 1859 and 1860 and his study of the *Aroideae* species, some of which bear his name. Maximilian's exploratory voyage to Brazil had earned the archduke a certain fame in the world of botanists, so much so that Roberto De Visiani, then prefect of the Botanical Garden of Padua (1836-1878), named after Maximilian a huge palm fossil found in Solcedo, in the province of Vicenza, in 1863. The *Latanites Maximiliani,* from the strata of the Oligocene (circa 30 million years ago) was at that time the only perfect specimen for preservation in its entirety known in Italy (De Visiani, *Sopra una nuova specie di palma fossile*, 1867; cat. 9).

Among the plants dedicated to Maximilian suffice it to mention the *Polanisia Maximiliani Wawra* (Wawra, Peyritsch, *Sertum Benguelense*, 1860, p. 13; cat. 46), an African plant also known as *Cleome foliosa*, and a violet (Leseman, *Viola tricolor,* n.d.; cat. 16). Among the flowers discovered and studied in Brazil some bear his name, such as the *Myrcia Imperatoris Maximiliani*, the *Oncidium Imperatoris Maximiliani* and the *Bignonia Imperatoris Maximiliani* (Wawra, *Botanische Ergebnisse,* 1866; cat. 48).

Some documents kept at the Trieste State Archives (Miramar, fasc. 27, doc. 264-270) clearly show that it was on Maximilian's initiative and by his participation that the publication of the botany book on the results of the expedition to Brazil began (Wawra, *Botanische Ergebnisse*, 1866; cat. 48). Indeed, requests for quotations for publication sent to various publishing houses for a botanical work of forty sheets of text and illustrated plates to be printed in instalments in 300 copies were found. The instalments were to be illustrated with artistic lithographs by Anton Hartinger, a Viennese artist and pioneer of chromolithography who produced spectacular botanical illustrations. Of the planned one hundred plates, thirty would be printed in hexachrome, while the remaining seventy would be made in black and white. Etching was the printing technique chosen, as it would give an excellent result in terms of quality, but at a considerable expense in terms of time and economic costs, due to the complexity of the work involved in preparing the lithographic stones. The print proofs of these gorgeous colour illustrations were recently identified in the museum collection.

Maximilian's contribution to the Civico Museo di Storia Naturale di Trieste [Civic Museum of

Latanites Maximiliani De Visiani. Esemplare alto 305 cm scoperto nel 1863 negli strati di età oligocenica affioranti lungo il torrente Chiavon (Salcedo, Vicenza). Fu pubblicato da Roberto De Visiani e dedicato a Massimiliano nel 1867. Su concessione dell'Università degli Studi di Padova/ Specimen 305 cm tall discovered in 1863 in the Oligocene age strata outcropping along the Chiavon stream (Salcedo, Vicenza). It was published by Roberto De Visiani and dedicated to Maximilian in 1867. Courtesy of the University of Padua.

a destra/right
Bromelia Ananas, in Pierre-Joseph Redouté, *Les liliacées*, Paris 1802–1816.

Myrcia Imperatoris Maximiliani, in Heinrich Wawra von Fernsee, *Botanische Ergebnisse der Reise Seiner Majestät des Kaisers von Mexico Maximilian I. nach Brasilien (1859-60)*, Wien 1866.

Bignonia Imperatoris Maximiliani, in Heinrich Wawra von Fernsee, *Botanische Ergebnisse der Reise Seiner Majestät des Kaisers von Mexico Maximilian I. nach Brasilien (1859-60)*, Wien 1866.

Oncidium Imperatoris Maximiliani, in Heinrich Wawra von Fernsee, *Botanische Ergebnisse der Reise Seiner Majestät des Kaisers von Mexico Maximilian I. nach Brasilien (1859-60)*, Wien 1866.

Anthurium Maximiliani, in Johann Peyritsch, *Aroideae Maximilianae*, Wien 1879.

a destra/right
Musa paradisiaca, in Pierre-Joseph Redouté, *Les liliacées*, Paris 1802-1816.

Musa paradisiaca. Bananier Cultivé.

Importante il contributo fornito da Massimiliano al Civico Museo di Storia Naturale di Trieste, che nel 1855 si chiamava Civico Museo Ferdinando Massimiliano e che sotto l'alto protettorato dell'arciduca si arricchì di numerose donazioni e di reperti provenienti da diverse spedizioni tra cui quelle giunte grazie al viaggio della fregata *Novara* intorno al mondo. Sotto l'egida dell'arciduca il Museo, pur conservando un indirizzo zoologico, si arricchì anche di reperti floristici, geologici e paleontologici e di una biblioteca specializzata con opere in molte lingue.

Negli stessi anni si definì la collezione botanica del giardino di Miramare, dove convivono piante che appartengono ai paesaggi delle Americhe, con quelle dei Paesi mediterranei. Rispondeva probabilmente al desiderio e alla passione per l'esplorazione dell'arciduca l'acclimatazione di alcune specie provenienti da aree differenti come la *Sequoiadendron giganteum*, la *Sequoia sempervirens*, il *Ginkgo biloba*, il *Pinus sabiniana* e molti altri tuttora presenti nel parco e annoverati tra gli alberi monumentali (Contessa 2022).

Cromolitografia di/ Chromolithography by Joseph Selleny, in Johann Peyritsch, *Aroideae Maximilianae*, Wien 1879.

Natural History in Trieste], which in 1855 was called Civico Museo Ferdinando Massimiliano [Ferdinand Maximilian Civic Museum], was precious. Under the archduke's patronage, it was enriched with numerous donations and artifacts from several expeditions including those from the voyage of the frigate *Novara* around the world. Under the auspices of the archduke, the museum, while retaining a zoological focus, was also enriched with floral, geological and palaeontological exhibits and a specialised library with works in many languages.

In those same years, the botanical collection of the Miramare gardens, where plants belonging to the landscapes of the Americas would coexist with those of Mediterranean, was conceived. It probably responded to the archduke's desire and passion for exploration to acclimatise some species from different parts of the world, such as *Sequoiadendron giganteum*, *Sequoia sempervirens*, *Ginkgo biloba*, and many others still present in the park and counted among the monumental trees (Contessa 2022).

Musa paradisiaca,
in Pierre-Joseph Redouté,
Les liliacées, Paris 1802-1816.

pagine seguenti/
following pages
Amaryllis Josephinae,
in Pierre-Joseph Redouté,
Les liliacées, Paris 1802-1816.

MAXIMILIAN THE BOTANIST

Amaryllis Josephinæ.

P. J. Redouté pinx.

Amaryllis de Joséphine.

Lemaire sculp.

Carlotta e la botanica

Poco o nulla si sa dell'interesse per il giardino e della passione botanica della padrona di casa, Carlotta di Sassonia-Coburgo-Gotha, figlia del re del Belgio. La biblioteca del castello ci offre forse un piccolo scorcio di quella che era probabilmente una passione condivisa col marito. Appartenevano sicuramente a Carlotta due prestigiose pubblicazioni di botanica lussuosamente illustrate dedicate ai fiori, *Les liliacées* (1802-1816) in otto volumi (cat. 33), e *Les roses* (1817-1824) (cat. 34), entrambi stampati a Parigi e provenienti dalla biblioteca della regina del Belgio. L'elegante trattato sulle rose di Redouté, che porta l'etichetta *Bibliothèque de S. M. la Reine des Belges*, un'edizione limitata in formato in folio, segnalata come "Esemplare n° 3 su 5" certificata dall'autore, corredata da lussuose incisioni su rame colorate. Pierre-Joseph Redouté (1759-1840) proveniva da una famiglia di pittori belgi e per mezzo secolo servì egli stesso, sotto vari titoli, come maestro di disegno per le regine e le principesse di Francia. Fu anche maestro di pittura della madre di Carlotta. Il mecenatismo reale o aristocratico era essenziale per la produzione delle sue costose opere, riccamente illustrate. Il disegno di Redouté era al contempo elegante e botanicamente accurato. La prestigiosa copia sulle rose di Miramare è stampata in grande formato, con un doppio set di lastre, in tinta unita e colorate, ritoccate dallo stesso. Nessun pittore di fiori ha collegato in modo così avvincente il suo nome e la sua immortalità a questo genere floreale come Redouté; le sue tavole colorate a mano sulle rose, sono improntate ai roseti di Malmaison di Giuseppina di Beauharnais, prima consorte di Napoleone I, e grande sostenitrice della botanica, delle scienze naturali e dell'impresa editoriale. Le sue rose sono tra le immagini botaniche più frequentemente riprodotte, e la costosa opera fu pubblicata anche in fascicoli economicamente abbordabili.
Possibilmente legati a Carlotta anche il libro di Pierre-Joseph Redouté *Le bouquet royal* (cat. 35) e un bellissimo esemplare sulle camelie stampato a Bruxelles nel 1843, *Collection de cent espèces du genre camellia, peintes d'après la nature, lithographiées et coloriées* (cat. 10). A questi potremmo forse aggiungere alcuni lussuosi libri stampati in Belgio, come *La Belgique Horticole* (cat. 25), il magnifico *Pescatorea* (cat. 17), corredato da quarantotto tavole di orchidee tropicali riprodotte in quadricromia pubblicate da Jean-Jules Linden (1817-1898), e il volume sulla flora belga di Désiré Joseph Hannon (Morren, Morren, *La Belgique Horticole,* 1851-1862; cat. 25. Linden, *Pescatorea,* 1860; cat. 17. Hannon, *Flore belge* [dopo il 1847], cat. 12).
La collezione libraria di Carlotta non si limita dunque agli elegantissimi tomi a soggetto floreale di produzione esclusiva, ma contiene serissimi libri di approfondimento e intere serie di pubblicazioni utili allo studio della botanica, che quindi si rivela una passione coltivata nel corso del tempo. Questo si evince da una serie di libri rilegati con lo stemma di Carlotta che include trattati di botanica in francese, come il testo di Le Maout, *Botanique-organographie et taxonomie des familles végétales*, relativo al regno vegetale della serie *Les trois Règnes de la nature*, con interessanti illustrazioni a stampa in bianco e nero e a colori, e pubblicato a Parigi nel 1852, con lunga dedica ad Adrien Jussieu (cat. 15).
Con ogni probabilità erano appartenenti a Carlotta altri libri di botanica destinati alle signore e scritti per lo più in francese, una serie di volumetti che affrontano tematiche naturalistiche e botaniche, legate ai giardini e al romantico linguaggio dei fiori, talvolta in forma di eleganti almanacchi corredati di tavole floreali.

Charlotte and botany

Little or nothing is known about the interest in gardens and passion for botany of the mistress of the house, Charlotte of Saxe-Coburg-Gotha, daughter of the King of Belgium. The castle library perhaps gives us a small glimpse of what was probably a passion she shared with her husband. Two prestigious, luxuriously illustrated botanical publications on flowers certainly belonged to Charlotte, *Les liliacées* (1802-1816) in eight volumes (cat. 33), and *Les roses* (1817-1824) (cat. 34), both printed in Paris and coming from the library of the Queen of Belgium. Redouté's elegant treatise on roses, bearing the label *Bibliothèque de S. M. la Reine des Belges*, is a limited edition in folio format, marked as "Exemplar no. 3 of 5" certified by the author, accompanied by lavish coloured copperplate etchings. Pierre Joseph Redouté (1759-1840) came from a family of Belgian painters and for half a century he served, under various titles, as master draughtsman to the queens and princesses of France. He was also Charlotte's mother's painting instructor. Royal or aristocratic patronage was essential to the production of his expensive, lavishly illustrated works. Redouté's drawing was both elegant and botanically accurate. The prestigious copy on the roses in Miramare is printed in large format, with a double set of both black and white, and polychromatic plates that he personally touched up. No flower painter has so compellingly linked his name and claim to immortality to this floral genus as Redouté; his hand-coloured plates on roses were styled on the Malmaison rose gardens of Joséphine de Beauharnais, Napoleon I's first wife, and a great patron of botany, natural sciences, and publishing. His roses are among the most frequently reproduced botanical images, and the expensive work was also published in affordable *fascicules*.

It is also possible that Pierre-Joseph Redouté's book *Le bouquet royal* (cat. 35), the beautiful volume on camellias printed in Brussels in 1843, *Collection de cent espèces du genre camellia, peintes d'après la nature, lithographiées et coloriées,* also belonged to Charlotte (cat. 10). Her books may have also included a few lavish books printed in Belgium, such as *La Belgique Horticole*, the magnificent *Pescatorea*, accompanied by forty-eight plates of tropical orchids reproduced in four-color plates, published by Jean-Jules Linden (1817-1898), and the volume on Belgian flora by Désiré Joseph Hannon (Morren, Morren, *La Belgique Horticole,* 1851-1862; cat. 25. Linden, *Pescatorea,* 1860; cat. 17. Hannon, *Flore belge* [after 1847]; cat. 12).

Charlotte's book collection was not limited to the very elegant, exclusively produced tomes on floral subjects and comprised authoritative in-depth texts and entire series of volumes useful for the study of botany, which are proof that hers was a passion cultivated over time. This is evident from a series of volumes bound with Charlotte's coat of arms that include botanical treatises in French, such as the text Le Maout, *Botanique, organographie et taxonomie. Familles Végétales* on the plant kingdom in the series *Les trois Règnes de la nature*, with interesting black-and-white and coloured printed illustrations, published in Paris in 1852, with a long dedication to Adrien Jussieu (cat. 15).

In all likelihood, other botanical books intended for ladies and written mostly in French belonged to Charlotte, a series of small volumes dealing with naturalistic and botanical topics related to gardens and the romantic language of flowers, sometimes in the form of elegant almanacs with floral plates.

These books belong to a production that developed in parallel with scientific studies based on

Crocus vernus, in Pierre-Joseph Redouté, *Les liliacées*, Paris 1802-1816.

Crocus sativus, in Pierre-Joseph Redouté, *Les liliacées*, Paris 1802-1816.

Narcissus odorus, in Pierre-Joseph Redouté, *Les liliacées*, Paris 1802-1816.

Muscari racemosum, in Pierre-Joseph Redouté, *Les liliacées*, Paris 1802-1816.

a destra/right
Peonia papaveracea var. rosea, in *Annales de Flore et Pomone, ou Journal des jardins et des champs*, Paris 1833-1847.

Glicine cinese/Chinese Wisteria, in *Annales de Flore et Pomone, ou Journal des jardins et des champs*, Paris 1833-1847.

a destra/right
Dahlia Amelia, in *Annales de Flore et Pomone, ou Journal des jardins et des champs*, Paris 1833-1847.

DAHLIA AMELIA

Questi libri appartengono a quella produzione che si sviluppò parallelamente agli studi scientifici basati sulla sintesi organica teorizzata da Carlo Linneo, opere di divulgazione rivolte a un vasto e appassionato pubblico, anche femminile, che affrontavano anche la non agevole impresa di illustrare alle signore il sistema sessuale delle piante. Del resto l'opera di Linneo, medico, botanico e naturalista svedese (1707-1778), aveva segnato una svolta nella storia naturale, contribuendo a dare un nome agli esseri vegetali secondo una nomenclatura bi-nominale e ri-ordinando le specie secondo il numero e la posizione del pistillo e degli stami, basando la sua classificazione sull'apparato "sessuale" delle piante (Jeanson, Fauve 2019, pp. 91-100). Tutto questo doveva essere spiegato con le dovute cautele.

Per questo erano stati creati libri come le *Lettres d'un frère à sa soeur sur la botanique et la physiologie des plantes* di Édouard Rastoin-Brémond, presente a Miramare nell'edizione originale (cat. 32), appartenente alla madre di Carlotta. Il volume è dedicato alle *Mesdemoiselles d'Orléans*, titolo portato da Louise Marie d'Orléans, madre di Carlotta, e dalle sue sorelle Marie

Viola Erzherzog Ferdinand Max, in *Viola tricolor, mittelst künstlicher Befruchtung gezogen durch den Hofgärtner F. Leseman*, Wien s.d./n.d.

organic synthesis theorised by Charles Linnaeus, works of popularisation aimed at a broad and passionate audience, including women, which also tackled the challenging task of illustrating the sexual system of plants to ladies. After all, the work of Linnaeus, a Swedish physician, botanist and naturalist (1707-1778) had marked a turning point in natural history, helping to name plants according to a binomial nomenclature and re-ordering species according to the number and position of the pistil and stamens, basing his classification on the "sexual" apparatus of plants (Jeanson, Fauve 2019, pp. 91-100). All this had to be explained with due caution.

This was the reason why books such as Édouard Rastoin-Brémond's *Lettres d'un frère à sa soeur sur la botanique et la physiologie des plantes*, present in Miramare in the original edition (cat. 32), belonging to Charlotte's mother, had been created. This volume was dedicated to the Mesdemoiselles of Orléans, a title held by Louise (Louise Marie) of Orléans, Charlotte's mother, and her sisters Marie and Clémentine. The publication was probably inspired by the *Lettres élémentaires sur la Botanique* (1771-1773) that Jean-Jacques Rousseau had addressed to Madame Madeleine Delessert, and which had led to the proliferation of works intended for the

Viola Erzherzogin Charlotte, in *Viola tricolor, mittelst künstlicher Befruchtung gezogen durch den Hofgärtner F. Leseman*, Wien s.d./n.d.

CHARLOTTE AND BOTANY

e Clémentine. La pubblicazione era probabilmente ispirata alle *Lettres élémentaires sur la Botanique* (1771-1773) che Jean-Jacques Rousseau aveva indirizzato a Madame Madeleine Delessert, e che aveva originato il moltiplicarsi di opere destinate all'istruzione delle dame che includevano la trattazione della botanica linneiana. In Francia si erano affermate già nel Settecento edizioni di argomento botanico destinate a un pubblico femminile, come un vero e proprio genere letterario che univa scienza e diletto, attribuendo ai fiori determinati significati in grado di esprimere simboli, sentimenti e colori. L'immaginario floreale per garbo, bellezza e sensibilità era accostato al mondo femminile, che oltre a coltivare la conoscenza vegetale, era ritenuto avere la gentilezza d'animo per comprendere il "linguaggio dei fiori". All'inizio dell'Ottocento ebbero larga diffusione volumetti botanici di piccole dimensioni, accompagnati da raffinate illustrazioni botanica (*Botanica de' Fiori* 2018).

In biblioteca erano presenti anche un altro piccolo trattato di botanica decorato con incisioni e illustrato con graziose vignette colorate, *L'herbier des demoiselles, ou traité complet de la botanique* di Edmond Audouit (cat. 3) e il grazioso *Flore des dames* di Albert Jacquemart (1808-1875) scrittore, storico dell'arte ceramica, collezionista e naturalista. Il volume è decorato con dodici magnifiche illustrazioni disegnate e finemente colorate a mano (cat. 13).

Le donne non erano semplicemente le destinatarie di libri sui fiori e trattatelli di botanica; esisteva infatti una tradizione di illustratrici e anche di autrici di libri di botanica (Vigroux 2019; Tongiorgi Tomasi, Zangheri 2018). Non si trattava solo di conversazioni dilettevoli sulla natura, ma di testi che venivano incontro al desiderio di accostarsi alla scienza, allo studio, alla coltivazione, al collezionismo di piante essiccate, approfondendo l'intima struttura dei vari organi del fiore. Tra questi ultimi vanno annoverati i libri divulgativi di Jane Loudon, moglie del famoso botanico e giardiniere inglese che fu tra i divulgatori più prolifici e influenti del XIX secolo (Loudon, *The ladies' flower garden*, 1841; cat. 18. Loudon, Loudon, *Loudon's encyclopedia*, 1855; cat. 22). Jane Loudon, i cui libri sono presenti a Miramare, aveva pubblicato oltre

Haemanthus multiflorus, in Pierre-Joseph Redouté, *Les liliacées*, Paris 1802-1816.

Lilium martagon, in Pierre-Joseph Redouté, *Les liliacées*, Paris 1802-1816.

education of ladies that included a discussion of Linnean botany. Botanical editions aimed at a female audience had become established in France as early as the eighteenth century, as a genuine literary genre that combined science and pleasure, attributing to flowers certain meanings capable of expressing symbols, feelings and colours. Floral imagery for grace, beauty and sensitivity was associated with the world of women, who, in addition to cultivating plant knowledge, was believed to have the kindness of spirit to understand the "language of flowers". In the early nineteenth century, small botanical volumes accompanied by fine botanical illustrations were widespread (*Botanica de' Fiori*).

Also in the library were another small botanical treatise decorated with etchings and illustrated with lovely, coloured vignettes, *L'herbier des demoiselles, ou traité complet de la botanique* by Edmond Audouit (cat. 3) and the lovely *Flore des dames* by Albert Jacquemart (1808-1875), writer, ceramic art historian, collector and naturalist. The volume was decorated with twelve magnificent hand-drawn and finely coloured illustrations (cat. 13).

Women were not simply the recipients of flower books and botanical treatises; in fact, there was a tradition of female illustrators and even female authors of botanical books (Vigroux 2019; Tongiorgi Tomasi, Zangheri 2018). These were not just delightful conversations about nature, but texts that met the desire to approach the science, study, cultivation, and collection of dried plants, delving into the intimate structure of the various organs of a flower. The latter include the popular books by Jane Loudon, wife of the famous English botanist and gardener who was among the most prolific and influential popularisers of the nineteenth century (Loudon, *The ladies' flower garden*, 1841; cat. 18. Loudon, Loudon, *Loudon's Encyclopedia*, 1855; cat. 22). Jane Loudon, whose books are found in Miramare, had published over twenty works on botany and horticulture, including her masterpiece *Botany for Ladies*. An accomplished and easily comprehensible writer, she became popular for her vision of the plant world as a place of learning, cultivation and exploration. Then, by deleting "ladies"

Rosa Kamtschatica,
in Pierre-Joseph Redouté
– Claude Antoine Thory,
Les roses, Paris 1817-1824.

Giacinto/Hyacinth, in *Annales de Flore et Pomone, ou Journal des jardins et des champs,* Paris 1833-1847.

Camellia Queen Victoria, in G. Fontaine, *Collection de cent espèces du genre camellia, peintes d'après la nature, lithographiées et coloriées*, Bruxelles 1845.

venti opere sulla botanica e l'orticoltura, tra cui il suo capolavoro *Botany for Ladies*. Scrittrice esperta e accessibile, divenne popolare per la sua visione del mondo delle piante come luogo di apprendimento, coltivazione ed esplorazione. Cancellando poi "signore" dal titolo del libro, promosse un'educazione formale delle donne nell'ambito della botanica.

Ineludibile strumento di conoscenza e corredo dei trattati botanici, il disegno di piante e fiori divenne nell'Ottocento uno dei soggetti privilegiati dell'editoria. Alcune pubblicazioni si rivelarono di grande successo e richiamarono l'attenzione sulla pittura floreale che si impose come genere artistico tra collezionisti e conoscitori.

Sicuramente appartenente a Carlotta, perché reca il suo monogramma dorato in copertina con corona, è il libro in francese di Victor Petit corredato da cento illustrazioni sulle abitazioni campestri e i loro parchi e giardini (Petit, *Habitations champêtres*, 1855; cat. 28). Si tratta di una raccolta di cromolitografie dell'artista e litografo raffiguranti i parchi, le strutture dei giardini e dei loro annessi, inclusi belvedere, padiglioni da giardino, capanne rustiche e simili che sono mostrati insieme a vedute di parchi. Interessante l'inserzione di un foglio di carta velina sul quale appare la riproduzione a mano in china nera e colore blu della tavola rappresentante la residenza di un giardiniere, che tanto ricorda le case dei giardinieri del Parco di Miramare. Conoscendo la sua passione per la pittura, possiamo forse attribuire a Carlotta questo esercizio di disegno.
Questo breve *excursus* sui libri appartenenti a Carlotta rivela i suoi studi, i suoi interessi per la botanica e per tutto ciò che concerne fiori, piante, giardini, tanto da poter supporre che forse il suo ruolo nell'ideazione del giardino di Miramare e delle sue collezioni botaniche sia stato maggiore di quanto si sia fin qui supposto.

Clipeo recante il profilo di A. L. Jussieu/*Clipeo* bearing the profile of A. L. Jussieu, in Pierre Bernard – Louis Couailhac – Paul Gervais – Emmanuel Le Maout, *Le Jardin des Plantes: description complète, historique et pittoresque du Museum d'histoire naturelle, de la ménagerie, des serres, des galeries de minéralogie et d'anatomie et de la vallée suisse*, Paris 1842.

Interno della Grande Serre del Jardin des Plantes di Parigi/Interior of the Grande Serre in the Jardin des Plantes in Paris, in Pierre Bernard – Louis Couailhac – Paul Gervais – Emmanuel Le Maout, *Le Jardin des Plantes: description complète, historique et pittoresque du Museum d'histoire naturelle, de la ménagerie, des serres, des galeries de minéralogie et d'anatomie et de la vallée suisse*, Paris 1842.

Interno di serra/Greenhouse interior, in Charles Morren - Édouard Morren, *La Belgique Horticole. Journal des jardins, des serres et des champs*, Liège 1851-1862.

from the title of the book, she promoted the formal education of women in the field of botany. An essential tool for knowledge complementing botanical treatises, the drawing of plants and flowers became a favourite subject of publishing in the nineteenth century. A number of publications proved to be highly successful and drew attention to floral painting, which established itself as an artistic genre among collectors and connoisseurs.

Victor Petit's book in French, with one hundred illustrations on country dwellings and their parks and gardens (Petit, *Habitations champêtres*, 1855; cat. 28), definitely belonged to Charlotte because it bears her gilded monogram on the cover with crown. It is a collection of chromolithographs by the artist and lithographer depicting parks, garden structures and their outbuildings, including belvederes, garden pavilions, rustic huts and similar, which are shown along with views of parks. It is interesting to note a sheet of tissue paper featuring a handmade sketch with blank and blue ink of a table representing a gardener's residence, so reminiscent of the dwellings of the gardeners of the Park of Miramare. Knowing her passion for painting, we can perhaps attribute this drawing exercise to Charlotte.

This brief excursus on Charlotte's books reveals her studies, her interests in botany and in anything related to flowers, plants and gardens. We can suppose that her role in the conception of the Miramare garden and its botanical collections would have been greater than hitherto assumed.

Abitazione del giardiniere/ House of the gardener, in Victor Petit, *Habitations champêtres: recueil de maisons, villas, châlets, pavillons, kiosques, parcs et jardins…*, Paris 1855.

Disegno su carta velina rinvenuto tra le pagine di/ Drawing on tissue paper found between the pages of Victor Petit, *Habitations champêtres: recueil de maisons, villas, châlets, pavillons, kiosques, parcs et jardins…*, Paris 1855.

a destra/right
La rivista ricorda Luisa, madre di Carlotta, a un anno dalla morte. La sovrana belga è associata all'eliotropio/ The pubblication remembers Louise, Charlotte's mother, one year after she passed away. The Belgian queen is associated to the heliotrope, in Charles Morren - Édouard Morren, *La Belgique Horticole. Journal des jardins, des serres et des champs*, Liège 1851–1862.

Héliotrope.

Immortalité de Louise-Marie.

L'arte botanica

Genere in bilico tra il mondo dell'arte e quello della scienza, l'arte botanica ha radici storiche antichissime che si diramano in diverse direzioni: verso la bellezza e verso l'utilità, verso raffigurazioni floreali destinate all'estetica e al piacere, e verso illustrazioni usate fin dall'Antichità per identificare piante necessarie alla farmacopea. Le varie figurazioni sono state poste al servizio degli imperi, della medicina o del commercio, e hanno documentato nei secoli le piante di ogni provenienza. Esse includevano gli *erbari* con descrizioni delle piante da usare per curare determinate malattie, i *florilegia* rinascimentali con illustrazioni floreali di uno specifico giardino, la flora coloniale che forniva un record botanico di una determinata regione. Tutti questi libri raccoglievano sulla pagina immagini di piante, realizzate attraverso incisioni, acquarelli, litografie o disegni a penna e inchiostro squisitamente dettagliati.

Rappresentazioni di piante/ Representations of plants, in *Erbario di Udine*, area veneta/Venetian area, metà XV sec./mid XV c., fol. 20v, ms. 1161, Fondo Principale. Udine, Biblioteca Civica "Vincenzo Joppi".

Botanical art

A genre poised between the worlds of art and science, botanical art has ancient historical roots that branch off in different directions: toward beauty and utility, toward floral depictions intended for aesthetics and pleasure, and toward illustrations used since antiquity to identify plants needed for pharmacopoeia. The various expressions were placed in the service of empires, medicine or trade, and have documented plants of all origins over the centuries. They included *herbaria* with descriptions of plants to be used to treat certain diseases, Renaissance *florilegia* with floral illustrations of a specific garden, colonial flora that provided a botanical record of a specific region. All of these books collected images of plants on the page, created through etchings, watercolours, lithographs or exquisitely detailed pen-and-ink drawings.

The ancient tradition
Botanical illustration descends almost directly from the ancient Greeks to the Middle Ages, following a tradition originating in a work by the Greek physician Dioscorides, called *De Materia Medica* (50-70 AD), which describes a thousand medicines, mostly derived from plants, along with some animals and mineral substances. The text, which was circulated in the European and Islamic worlds from antiquity to the Renaissance epoch, was translated, embellished, accompanied by commentaries and copied for local use. Over this long stretch of time, the study of botany coincided with the study of classical authors (Dioscorides, Pliny, Theophrastus), whose knowledge and beliefs continued to be handed down without being questioned, and whose authority was stronger than critical ability and observation from life. In Europe, this tradition developed in medieval herbaria, created in monasteries that ran hospitals and dispensaries with gardens of herbs and medicinal plants. Following Dioscorides, medieval herbaria were copied for nearly a thousand years following the same illustration patterns from one manuscript to another with few alterations. The original illustrations were created primarily for identification in nature. Artists were faced with the challenge of providing a recognisable image of the plant while also including all its different parts, whether large or small. Illustrations were necessary both to record and to educate, but they could also have a decorative purpose, capturing in an image the general essence of the plant, with or without botanical accuracy.
Over time, the illustrations, copied and reused countless times, could no longer be recognised and were of no practical value in plant identification and classification. This highlights the persistent tension between experience and authority in the way the natural world was understood in scholastic thought in the Middle Ages, which considered science to be the mere repetition of pre-established knowledge, in a system of relations with transcendent realities of which the natural world was considered to be an emanation (Milano 1994, pp. 75-100).

Real-life portraits of plants
Attitudes toward nature changed in the Renaissance period; alongside with the development of the arts and humanistic studies, and the great achievements in the art of

L'antica tradizione

L'illustrazione botanica ha una linea di discendenza quasi ininterrotta dagli antichi greci al Medioevo, seguendo una tradizione originata da un'opera del medico greco Dioscoride, chiamata *De Materia Medica* (50-70 d.C.), che descrive un migliaio di medicinali, in gran parte derivati dalle piante, insieme ad alcuni animali e sostanze minerali. Il testo, diffuso nel mondo europeo e islamico dall'Antichità al Rinascimento, fu tradotto, abbellito, corredato da commenti e copiato per uso locale. In questo lungo periodo lo studio della botanica coincideva con lo studio degli autori classici (Dioscoride, Plinio, Teofrasto), le cui conoscenze e credenze continuavano a essere tramandate senza essere messe in discussione, e la cui autorità era più forte della capacità critica e dell'osservazione dal vero.

In Europa, questa tradizione si sviluppò negli erbari medievali, creati nei monasteri che gestivano ospedali e dispensari con orti di erbe ed essenze. Rifacendosi a Dioscoride, gli erbari medievali furono copiati per quasi mille anni seguendo gli stessi schemi illustrativi trasmessi da un manoscritto all'altro con poche alterazioni. Le illustrazioni originali erano state create principalmente per l'identificazione in natura. Gli artisti dovevano affrontare la sfida di rappresentare un'immagine riconoscibile della pianta includendo anche tutte le sue diverse parti, grandi e piccole. Le illustrazioni erano necessarie sia per registrare che per istruire, ma potevano anche avere scopo decorativo, catturando in immagine l'essenza generale della pianta, con o senza accuratezza botanica.

Con il tempo le illustrazioni, copiate e riutilizzate innumerevoli volte, risultavano irriconoscibili e di nullo valore pratico nell'identificazione e classificazione delle piante. Questo evidenzia la persistente tensione tra esperienza e autorità nel modo in cui il mondo naturale era stato compreso nel pensiero scolastico in epoca medievale, che considerava la scienza mera ripetizione di un sapere precostituito, in un sistema di rapporti con le realtà trascendenti di cui il mondo naturale era reputato un'emanazione (Milano 1994, pp. 75-100).

I ritratti dal vero delle piante

Nell'epoca del Rinascimento cambiò l'atteggiamento verso la natura; in concomitanza con lo sviluppo delle arti e degli studi umanistici e con le grandi realizzazioni nell'arte dei giardini, si moltiplicarono gli scritti sui parchi e l'orticoltura, a cominciare dalle traduzioni e dalle stampe di autori classici (Samson 2011).

Nel 1531 l'opera di Otto Brunfels, *Herbarum vivae eicones,* che sottolineava le confusioni, discrepanze ed errate identificazioni all'interno delle fonti classiche, fu arricchita da un notevole apparato iconografico realizzato *ad vivum* da Hans Weiditz. In queste immagini si riscopriva la naturalezza della forma vegetale superando il convenzionale aspetto tramandato dalla secolare tradizione degli erbari manoscritti e miniati (Zucchi 2003).

Nel Cinquecento furono istituite le prime cattedre di "lettura dei semplici", che sancivano l'indagine del mondo vegetale a partire dall'esperienza, e non a partire da una griglia interpretativa di natura simbolica e allusiva. Risale al 1513 l'istituzione della prima cattedra di Botanica da parte di Leone X in Vaticano, che verrà poi ricoperta da Michele Mercati, divenuto "archiatra" nel 1570 e successivamente "semplicista" pontificio in concomitanza con la creazione del giardino botanico vaticano.

L'ampliamento dell'orizzonte del mondo avvenuto nel XVI secolo con la scoperta delle Americhe fece conoscere agli europei un enorme numero di piante e animali di cui si ignorava l'esistenza. Oltre all'introduzione di piante che divennero essenziali nella nostra alimentazione o in ambito farmaceutico, ne arrivarono altre che ebbero un'enorme fortuna per le loro doti ornamentali, tra queste l'agave, la yucca, l'acacia.

L'introduzione di nuove specie provenienti dalle Americhe diede impulso al concetto di

gardens, there was a proliferation of treatises on parks and horticulture, beginning with translations and prints of classical authors (Samson 2011).

In 1531 Otto Brunfels' work, *Herbarum vivae eicones*, which pointed out the confusions, discrepancies and misidentifications in the classical sources, was enriched with a remarkable body of drawings made *ad vivum* by Hans Weiditz. In these images, the naturalness of the shape of plants was rediscovered, overcoming the conventional appearance handed down by the centuries-old tradition of manuscript and illuminated herbaria (Zucchi 2003).

In the sixteenth century, the first chairs of "Lector of simplicis" were established, sanctioning the study of the plant world from experience, and not from an interpretive grid of a symbolic and allusive nature. In 1513 Leo X established the first chair of Botany at the Vatican, which would later be filled by Michele Mercati, who became "archiater" in 1570 and later papal "simplicist" on the occasion of the creation of the Vatican botanical garden.

The expansion of the world's horizon in the sixteenth century, with the discovery of the Americas, introduced Europeans to a huge number of plants and animals whose existence was unknown. In addition to the introduction of plants that have become an integral part of our diet or pharmaceuticals, others arrived meeting with enormous fortune for their ornamental qualities, among which the agave, yucca, and acacia.

The introduction of new species from the Americas gave impetus to the concept of geographical distribution of plants and pointed to the fact that some environments are suitable for a particular type of flora. Leonhart Fuchs was among the first to rely on observation rather than imitation in his *De historia stirpium* (1542), which described species introduced from the Americas such as corn.

In Italy, Pietro Andrea Mattioli's *Commentarii* on the books of Dioscorides, was a real milestone for botanists throughout Europe, printed in several updated versions by the Venetian printer Vincenzo Valgrisi. Illustrated by detailed woodcuts, designed by Giorgio Liberale da Udine and engraved by Wolfgang Meyerpeck, the commentary by Pietro Mattioli (1500-1577), an imperial physician, constituted the foundation of every naturalist's botanical education between the sixteenth and seventeenth centuries. In fact, the text was published several times in Italian, Latin, French, and German until the eighteenth century (Serafini 2004, pp. 98, 168-170). This revision of the *De materia medica* by Dioscorides took stock of the botanical knowledge of the time, updating with "amplissimi Discorsi et commenti, et dottissime annotationi et censure" [extensive discussions and comments and extremely scholarly notes and emendations] the text of the famous physician from antiquity, who for centuries had established the indissoluble link between medicine and the natural universe, for which botany essentially meant the art of herbology, the study and research of the *simple* plants that formed the basis of ancient pharmacopoeia(Pizzorusso 2018; Sallent Del Colombo 2016). The work met with enormous success and considerable acclaim, not least because of the prestige of its author, who had become the archiater of the emperor Maximilian II of Habsburg, and was reprinted in numerous editions until well into the eighteenth century (Zalum Cardon 2008, pp. 1-14). In the two works mentioned above, the illustrations, to which most of the sheet is dedicated, appears to be of paramount importance, proving that figurative language was considered an indispensable tool for expanding and communicating content, which words could only convey in part.

Gradually, the botany of antiquity and Middle Ages, aimed solely at identifying the therapeutic properties of plants, became a science devoted to the description, cataloguing, and renaming of plant species. This resulted in the need for new illustrations and the creation of a new collaborative relationship between the naturalist and artist (Tongiorgi Tomasi, Tosi

Hyacintus Belgicus e/and *Nigella*, in *Erbario*, XVII sec./c., fol. 240r, Gamma.Z.1.21. Modena, Biblioteca Estense Universitaria. Su concessione del/Courtesy of Ministero della Cultura – Gallerie Estensi, Biblioteca Estense Universitaria.

a destra/right
Anemone pulsatilla, in *De historia stirpium commentarii insignes*, Basel 1545, Gamma.W.2.30. Modena, Biblioteca Estense Universitaria. Su concessione del/Courtesy of Ministero della Cultura – Gallerie Estensi, Biblioteca Estense Universitaria.

L'ARTE BOTANICA

Anemone syluestris.
Kuchenschell.

Passefleurs & coquelourdes

Anemone pulsatilla.

Nomina
ANEMONH Gr(a)
Lat: Anemone syluest(ris)
Pulsatilis, et Pulsatilla. Ga(ll)
Passefleurs et Coquelour(des)
Ital. Anemone.

Genera
Duo sunt genera Primum (hor)
tense. Alterum Syluestre

Forma
Hortensis multæ sunt Spe(cies)
Una Phœniceum florem pro(fert)
Altera candicantem aut Purpure(um)
Puniceumq; folia coriandro similia
scissa tenuius in terram inclinantur
(cau)les lanuginosi in quibus flores v(t in)
pauciis et in medio capitu(lo)
nigra aut cœrulea. Radi(x)
olæ magnitudine, quæ q(ui)
busdam geniculis cingitur
Cuius Picturam non dam(us)
Altera cuius hic pictu(ram)
exhibemus Pulsatilla e(st)
Anemone syluest: Folia cum
primum erumpit hirsuta minutis(sime)
laciniata sunt, sapore acri. Flos in
stellæ modum, hirsutus, e cuius medio a(u)
rei flosculi emicant vt in Rosis, in eius
vbilico floccus purpureus. Semen cap(itu)
lo incanoq; capitulo iuglandis fere magn(itu)
dine continetur. Radix pedali longitudine cui Sapo(r)
subdulcis, non autem acris: veluti folys et caulibus.

Locus, tempus, et Complexio
Primum nascitur in cultis Pulsatilis vero ineunte vere dehiscit an(te)
quam folia erumpant quæ sapore sunt perquam acri adeo vt non minu(s)
exulcerent quam Ranunculus et a flammula vulgo dicta.

Vires.
Sunt qui Pulsatillam hanc mirifica laudant contra pestem, ad hausta venena et venen(a)
torum morsus ictusq̃; quamobrem in antidotis additur. Empiricis compertum esse vul(ne)
variam esse herbam: Secantur folia eius non sine acore quodam, ita vt oculos quemadmodu(m)
allium aut Cœpa feriant; illaq; per alembicum distillata aquam vulneribus mundificand(is)
curandis, vtilissimam præstant, quæ et putridam carnem erodun(t)

distribuzione geografica delle piante e puntò l'attenzione sul fatto che alcuni ambienti sono adatti a una flora particolare. Leonhart Fuchs fu tra i primi a basarsi sull'osservazione piuttosto che sull'imitazione nel suo *De historia stirpium*, che nel 1542 descriveva introduzioni americane come il mais.

Importantissimi in Italia i *Commentarii* a Dioscoride di Pietro Andrea Mattioli (1500-1577), medico imperiale, stampati in numerosi aggiornamenti dallo stampatore veneziano Vincenzo Valgrisi, che costituirono una vera e propria pietra miliare per i botanici di tutta Europa. Illustrato da precise xilografie, disegnate da Giorgio Liberale da Udine e incise da Wolfgang Meyerpeck, il commento a Dioscoride rappresentò tra Cinque e Seicento la base dell'educazione botanica di ogni naturalista. Il testo fu infatti più volte pubblicato in italiano, latino, francese, tedesco (Serafini 2004, pp. 98, 168-170). Questa revisione del *De materia medica* dioscorideo fece il punto sulle conoscenze botaniche dell'epoca, aggiornando con "amplissimi Discorsi et commenti, et dottissime annotationi et censure" il testo del famoso medico dell'antichità, che per secoli aveva stabilito l'indissolubile legame tra medicina e universo naturale, per cui botanica significava essenzialmente l'arte dell'erborizzazione, lo studio e la ricerca delle piante *semplici* che costituivano la base dell'antica farmacopea (Pizzorusso 2018; Sallent Del Colombo 2016). L'opera riscosse un enorme successo e notevoli consensi, anche per il prestigio del suo autore, divenuto archiatra dell'imperatore asburgico Massimiliano II d'Asburgo, e fu ristampata in numerosissime edizioni fino a Settecento inoltrato (Zalum Cardon 2008, pp. 1-14). Nelle due opere sopra citate appare di fondamentale importanza l'apparato illustrativo, cui è riservata la maggior parte del foglio, a riprova di come il linguaggio figurativo fosse considerato indispensabile strumento di approfondimento e di comunicazione di contenuti, che la parola solo in parte riesce a trasmettere.
Gradualmente la scienza botanica dell'età classica e medievale, esclusivamente rivolta ad individuare le proprietà terapeutiche delle piante, si trasformò in una scienza dedicata alla descrizione, catalogazione, e nuova denominazione delle specie vegetali. Questo comportò la necessità di nuove illustrazioni e la creazione di un nuovo rapporto di collaborazione tra naturalista e artista (Tongiorgi Tomasi, Tosi 1990). Particolarmente sviluppata in Germania, nei Paesi Bassi, in Francia, l'editoria produsse testi nei quali l'autorità degli antichi cominciava a essere integrata da osservazioni originali, dal vivo, per le quali, sempre più spesso, si forniva l'apporto iconografico di un'immagine xilografica affidata ad artisti specializzati.

Botanica e pittura
Risale al 1568 la prima opera interamente dedicata alla descrizione dei fiori ornamentali, la *Florum et coronariarum odoratarumque nonnullarum herbarum historia*, del medico fiammingo Rembert Dodoens, nella quale il valore estetico e la preziosità delle piante sono svincolate dalla farmacologia e dalle pratiche officinali (Zalum Cardon 2008, pp. 4-11).
La monumentale opera intendeva comprendere tutte le specie vegetali allora conosciute, ma l'impresa si interrompe al decimo volume quando l'autore viene nominato a Vienna medico personale di Massimiliano II. L'importanza dell'opera fu la nuova considerazione del valore estetico legato al godimento dei colori e dei profumi dei fiori, per la prima volta ritenuto un valore in sé, svincolato dall'utilità nell'ambito della farmacopea.
Nel corso del Seicento la botanica iniziò ad affermarsi come scienza autonoma e non più come semplice ausilio alla scienza medica: le piante erano quindi studiate in tutti i loro aspetti e ne venivano indagate le caratteristiche distintive, anche indipendentemente dalle proprietà farmacologiche.
Nei volumi di questo periodo, quindi, cominciarono sempre di più ad apparire immagini tese a illustrare l'anatomia delle piante, con particolari di fiori, semi e frutti e rappresentazioni

1990). Particularly advanced in Germany, the Netherlands, and France, publishing produced texts in which the authority of the ancients began to be supplemented by original, real-life observations, for which a xylograph by specialised artists was increasingly provided as an iconographic contribution.

Botany and painting

Dating back to 1568, the first work entirely devoted to the description of ornamental flowers was the *Florum et coronariarum odoratarumque nonnullarum herbarum historia*, by the Flemish physician Rembert Dodoens, in which the beauty and values of plants was separated from pharmacology and officinal practices (Zalum Cardon 2008, pp. 4-11).

The monumental work was intended to encompass all plant species known then, but the enterprise was interrupted at the tenth volume when the author was appointed personal physician to Maximilian II in Vienna. The importance of the work was the new way of considering the aesthetic value associated with enjoying the colours and scents of flowers,

Ritratto di/Portrait of Rembert Dodoens, in Charles Morren - Édouard Morren, *La Belgique Horticole. Journal des jardins, des serres et des champs*, Liège 1851-1862.

del retro di foglie e fiori. La grande attenzione al dettaglio era aiutata dall'uso sempre più massivo della tecnica calcografica (incisione delle immagini su lastre di metallo), che sostituiva la xilografia (incisione su lastre di legno) e che permetteva un grado di dettaglio ancora maggiore (Tongiorgi Tomasi 2000; Garbari 2000).

Questa tendenza era evidente, per esempio, nell'opera del medico e botanico francese Paul de Reneaulme, *Specimen historiae plantarum* del 1611, dove le immagini assumevano una maggiore valenza scientifica e dimostravano un'elevata attenzione all'anatomia della pianta raffigurata. I testi, che seguivano e accompagnano le figure, comprendevano, oltre a notazioni sui diversi nomi della pianta, informazioni dettagliate sul suo aspetto, ma anche sul luogo e la stagione di fioritura, e, solo alla fine, osservazioni su proprietà e usi medicinali.

I soggetti vegetali e floreali si diffusero nella cultura artistica italiana ed europea, avevano trovato spazio per esprimersi nei ricchi festoni decorativi e nei vasi di fiori che accompagnavano le opere pittoriche fin dal primo Cinquecento.

Gradualmente i generi floreali si affermarono come genere autonomo, in un rapporto fluido tra la pittura di natura e la pittura di soggetti botanici per l'illustrazione scientifica. Contestuali in questo processo furono la diffusione del collezionismo botanico e lo sviluppo della pittura naturalistica di stampo scientifico, che univa l'aspetto estetico e l'accuratezza nella descrizione. L'esigenza di raccogliere e documentare l'enorme materiale botanico che si andava accumulando si univa all'aspirazione a ordinare e classificare che introduceva alla moderna tassonomia. Contestualmente, i ritratti di esemplari rari ed esotici, creati a scopo documentario e illustrativo, iniziarono a introdursi nella produzione artistica e divennero capaci di veicolare idee e valori (Zalum Cardon 2008, pp. 193-239).

Tra la metà del XVII e l'inizio del XIX secolo, la rappresentazione delle piante nell'arte rispose a pieno allo stimolo di riflessioni profane, elaborate dal pensiero illuminista che comportavano il riconoscimento di uno statuto nobile degli alberi e lo sviluppo di una scienza botanica che includeva le scoperte apportate dai viaggi di esplorazione. La nozione di bellezza era applicata alla natura, e i fiori cominciarono a venire apprezzati per i loro colori e le loro forme e ritenuti soggetti degni in sé di essere rappresentati, e non più limitati fare da sfondo o decorazione di altri soggetti.

Questi cambiamenti nel modo di pensare alle piante corrispondevano in parallelo nelle rappresentazioni visive a un trattamento artistico mirato a contemplare le piante per ragioni diverse dalle letture interpretative basate sul simbolismo medievale, anche se tali significati continuavano a circolare e a essere adattati ai cambiamenti sociali e storici. Quando si considera la rappresentazione visiva delle piante, è quindi utile esplorare non solo cosa esse significano nel contesto di un particolare argomento, ma anche come le piante erano governate visivamente per stimolare risposte ispirate alla concezione della natura.

Illustrazione e collezionismo botanico

L'espansione coloniale determinò un grande interesse per la flora e la fauna dei nuovi Paesi, scandagliate nel corso di varie spedizioni esplorative, che concentrarono l'interesse sulle piante esotiche. In contemporanea i giardini diventavano più ricercati e le serre accoglievano la coltivazione di piante tropicali.

Nei primi anni del XVII secolo dilagò la mania per i tulipani, importati dalla Turchia, che divennero oggetto di scambio diplomatico tra l'emissario di Ferdinando d'Asburgo e il sultano. Durante l'epoca della tulipanomania furono eseguiti molti dipinti e furono pubblicati molti libri di illustrazioni. Alcuni documentavano le collezioni botaniche, altri servivano ai commercianti per mostrare ai clienti le piante quando i bulbi non erano in fiore.

Gli olandesi divennero famosi per i dipinti di vasi di fiori riproducenti talvolta anche insetti e nidi di uccelli. Questi dipinti, benché non fossero illustrazioni scientifiche, erano botanicamente

for the first time considered a value in itself, separated from their utility in pharmacopoeia. During the seventeenth century, botany began to establish itself as an independent branch of science and no longer simply as an aid to medical science: plants were studied in all their aspects and their distinctive characteristics were investigated, even independently of their pharmacological properties.

Thus, in the volumes of this period, images tending to illustrate plant anatomy began to increasingly appear, with details of flowers, seeds and fruits, and depictions of the back of leaves and flowers. A great attention to detail was helped by the increasingly massive use of chalcography (engraving of images on metal plates), which replaced xylography (woodcut) and allowed an even greater degree of detail (Tongiorgi Tomasi 2000; Garbari 2000).

This trend was evident, for example, in the work of the French physician and botanist Paul Reneaulme, *Specimen historiae plantarum* of 1611, where the images took on a greater scientific significance and demonstrated a high degree of attention to the anatomy of the plant depicted. The texts, which followed and accompanied the figures, included notations on the different names of the plant as well as detailed information on its appearance, but also on the place and season of flowering, and, only at the end, remarks on the medicinal properties and uses.

Plant and floral motifs spread across Italian and European artistic culture; they had found the space to express themselves in the rich decorative festoons and flower vases that accompanied pictorial works since the early sixteenth century.

Gradually floral genres became established as an independent genre, in a fluid relationship between nature painting and the painting of botanical subjects for scientific illustration. This process was matched by the spread of botanical collecting and the development of nature painting for scientific purposes, which combined the aesthetic aspect and accuracy in description. The need to collect and document the deluge of botanical material that was accumulating was combined with the aspiration to order and classify that introduced modern taxonomy. At the same time, portraits of rare and exotic specimens, created for documentary and illustrative purposes, began to enter art and became capable of conveying ideas and values (Zalum Cardon 2008, pp. 193-239).

Between the mid-seventeenth and early nineteenth centuries, the representation of plants in art fully responded to the stimulus of secular reflections, elaborated by the Enlightenment, which involved the recognition of a noble status for trees and the development of a botanical science that included the discoveries made by means of voyages of exploration. The notion of beauty was applied to nature, and flowers began to be appreciated for their colours and shapes and to be considered subjects worthy of representation in their own right, and no longer limited to being a backdrop or decoration for other subjects.

These changes in the attitude toward plants corresponded at the same time in visual representations to an artistic treatment aimed at contemplating plants for reasons other than interpretive readings based on medieval symbolism, although such meanings continued to circulate and be adapted to social and historical changes. When considering the visual representation of plants, it is therefore useful to explore not only what they mean in the context of a particular topic, but also how plants were visually used to stimulate responses inspired by the concept of nature.

Botanical illustration and collecting

Colonial expansion resulted in great interest in the flora and fauna of the new countries, which were scoured during various exploratory expeditions that focused their interest on exotic plants. At the same time, gardens were refined and greenhouses welcomed cultivation of tropical plants.

Tulipa Gesneriana var. Dracontia, in Pierre-Joseph Redouté, *Les liliacées*, Paris 1802-1816.

Specie diverse di tulipano/ Different species of tulip, in Jane Loudon, *The ladies' flower-garden of ornamenal bulbous plants*, London 1841.

a sinistra/left
Hendrick Shoock, *Vaso con fiori, insetti e due lumache/ Vase with flowers, insects and two snails*, 1670-1699, olio su tela/oil on canvas, n. inv. 87. Torino, Galleria Sabauda - Musei Reali.

accurati e riflettevano l'entusiasmo dei collezionisti per i loro giardini e le loro preziose raccolte di piante.

Le collezioni di piante e fiori nei giardini spesso avevano un corrispettivo nella raccolta di quadri di *nature in posa* e *ritratti di fiori in vaso*, di provenienza fiamminga. Questi quadri ostentavano rara precisione nel ritrarre i vari esemplari di fiori e preziosa eleganza nella composizione, ma spesso tale grazia non era fine a stessa e orientava la vista in senso contemplativo o veicolava contenuti morali, come quello legato al tema della *vanitas* (Zalum Cardon 2008, pp. 226-239).

Botanica, scienza autonoma

È soprattutto nell'ambito della rappresentazione visuale che si produsse, durante la prima età moderna, l'emancipazione della botanica dalla medicina e il suo costituirsi come forma autonoma di sapere (Zucchi 2003). La botanica cessò di essere una branca della medicina e divenne disciplina autonoma solo al tempo di Carlo Linneo (1707-1778), medico, botanico e naturalista svedese. Figura imprescindibile della botanica del suo secolo, Linneo cambiò col suo sistema di classificazione basato sulla struttura del fiore e sul numero di parti maschili e femminili, il carattere delle illustrazioni botaniche. Con la sua opera si diede un nome agli esseri vegetali secondo una nomenclatura bi-nominale in larga misura in uso ancora oggi; le piante vennero ordinate secondo il numero e la posizione del pistillo e degli stami, basando la sua classificazione sull'apparato sessuale delle piante (Jeanson, Fauve 2019, pp. 91-100). Parallelamente agli studi scientifici basati sulla sintesi organica teorizzata da Linneo, si

Browallia, in Carlo Linneo, *Hortus Cliffortianus*, 1737, A.32.K.22, tav./pl. XVII, Fondo Estense. Modena, Biblioteca Estense Universitaria. Su concessione del/Courtesy of Ministero della Cultura – Gallerie Estensi, Biblioteca Estense Universitaria.

a destra/right
Sistema sessuale dei fiori secondo Linneo/Sexual system of flowers according to Linnaeus, in Louis Clerc, *Manuel élémentaire de botanique, d'anatomie et de physiologie végétale*, Paris 1835.

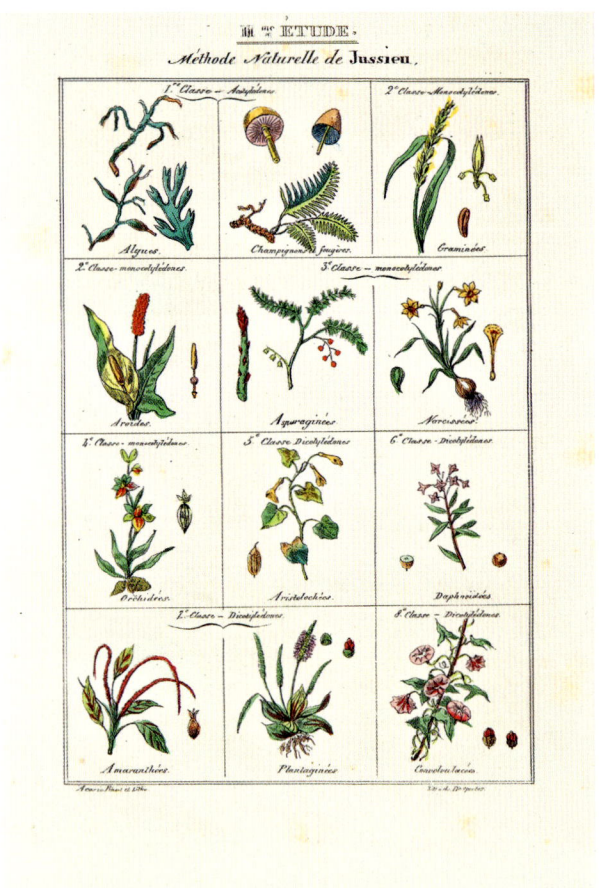

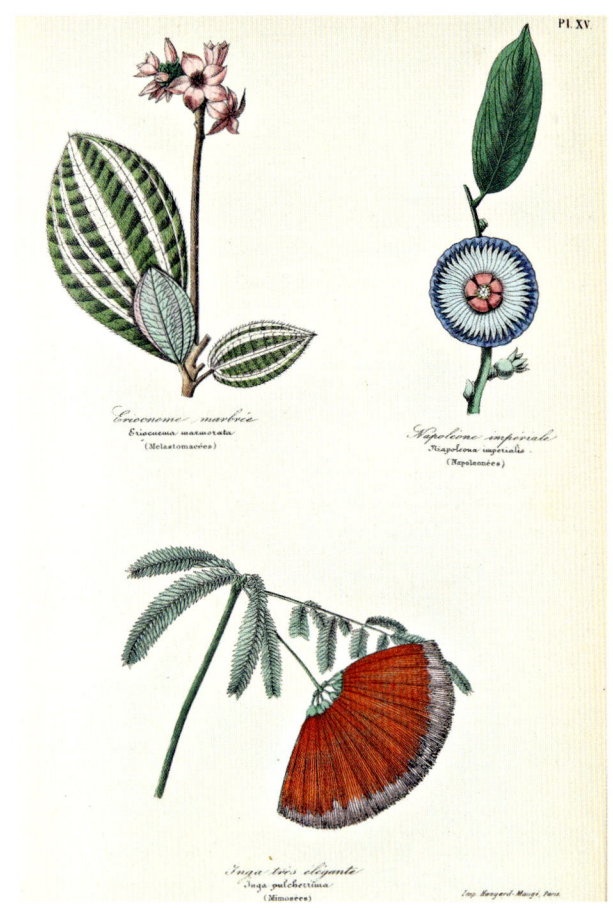

Méthode naturelle di/of Jussieu, in Louis Clerc, *Manuel élémentaire de botanique, d'anatomie et de physiologie végétale*, Paris 1835.

Tavola/Plate XV, in Emmanuel Le Maout, *Botanique-organographie et taxonomie des familles végétales etc*, Paris 1852.

Specie diverse di/Different species of *Cyrtanthus*, in Jane Loudon, *The ladies' flower-garden of ornamental bulbous plants*, 1841.

a destra/right
Specie diverse di/Different species of *Belladonna*, in Jane Loudon, *The ladies' flower-garden of ornamental bulbous plants*, 1841.

1. Belladonna purpureus. 2. Belladonna blanda. 3. Belladonna purpureus pallida.

svilupparono opere di divulgazione rivolte a un vasto pubblico, che includevano anche testi indirizzati alle signore. Molti di questi volumi hanno un importante apparato illustrativo che riproduce fiori e piante nel dettaglio e nel colore.

Non dimentichiamo che nel XIX secolo furono introdotte tecniche di stampa oltre alla xilografia tra cui l'acquatinta, la litografia e la cromolitografia, che venivano colorate a mano.

L'Ottocento e la moderna botanica

L'Ottocento è il secolo in cui si produssero sontuose imprese tipografiche, che univano scienziati, pittori e incisori nel fine comune di rappresentare il mondo naturale. Le imprese tipografiche già alla fine del Settecento avevano accompagnato lo straordinario sviluppo degli studi naturalistici e rivelato brillanti artisti formati nelle accademie, nei musei e negli orti botanici, abili a padroneggiare le nuove tecniche di riproduzione. A quel tempo la collaborazione tra naturalisti e artisti era considerata fondamentale al fine delle pubblicazioni scientifiche dei monumentali repertori di flora locale o tematica che venivano pubblicati con grande fervore classificatorio (Tosi 2000).

Libri di lusso e opere di volgarizzazione ad alta diffusione venivano pubblicati in parallelo nello stesso periodo. Erano studiate nuove tecniche per rendere la finezza dei dettagli, la vita e il mistero delle piante, come per esempio la litografia e l'incisione *pointillé* (*stipple engraving*) che utilizzava una rete di piccoli punti più o meno densi per indicare il contorno al posto delle linee.

Oltre alle tavole di piante rare ed esotiche, si moltiplicarono le flore e i libri di anatomia e di morfologia; si intensificò lo studio dei fossili e la paleobotanica ebbe dignità di disciplina a sé stante. Ogni Paese d'Europa si dedicò a scoprire e classificare la flora indigena e selvatica e a renderla accessibile attraverso importanti pubblicazioni (Bogaert-Damin 2007).

Particolarissima la tecnica di impressione naturale diretta o *fisiotipia* (*Naturalselbstdruck, nature printing*) utilizzata per l'opera di Constantin von Ettingshausen, *Physiotypia Plantarum Austriacarum*. Libro monumentale pubblicato in cinque imperiali volumi contenenti ciascuno cento tavole in formato in folio eseguite da Alois Auer, accompagnate da un testo prodotto da Alois Pokorny. Dello stesso autore esiste in biblioteca un libro sulla vegetazione della città di Jihlava (Pokorny, *Die Vegetationsverhältnisse von Iglau*, 1852; cat. 31).

La *Physiotypia Plantarum* è la più grande opera mai pubblicata con questa tecnica, che consiste nel passare sotto pressa una pianta naturale, fiore o foglia, tra una lastra di cuoio e una di piombo. L'impronta lasciata sulla lastra di piombo viene poi copiata attraverso elettrotipia su un'altra piastra che serve per imprimere, dando un risultato estremamente realistico nei più fini dettagli delle nervature e nell'impressione di rilievo che donano un aspetto vivo che nessun'altra tecnica riesce a dare. Questa tecnica verrà presto abbandonata per i suoi costi, la complessità dell'esecuzione e il grande uso di materiale organico.

Va ricordato che Alois Auer era il direttore della Hof-und Staatsdruckerei di Vienna, imperiale tipografia di Stato, nella quale istituì anche il dipartimento di fotografia, credendo nella esplorazione di tutte le tecniche più moderne di rappresentazione (Faber, Gröning 2008; Peraldo 2008).

Elegantissime le monumentali serie tematiche di Pierre-Joseph Redouté dedicate alle rose e alle liliacee. Maestro d'arte della corte reale di Francia, divenne il protetto di Giuseppina di Beauharnais, prima moglie di Napoleone Bonaparte, che lo incaricò di dipingere i fiori del giardino del castello di Malmaison. Creò oltre duemila tavole destinate alla stampa e raffiguranti oltre 1800 specie diverse, molte delle quali non erano mai state riprodotte prima. I suoi due libri più famosi sono *Les liliacées* (1802-1816), in otto volumi contenenti cinquecento illustrazioni di liliacee, e *Les roses* (1817-1824) il suo lavoro migliore, al quale deve la sua popolarità. Tra le opere segnaliamo anche *Choix des plus belles fleurs et des fruits* (1827-1833), una raccolta di 144 disegni ad acquarello realizzati su lastre di rame.

Nelle sue creazioni Redouté sostituisce l'acquarello per acquisire maggiore leggerezza alla

In the early seventeenth century a craze for tulips, imported from Turkey, broke out and became the subject of a diplomatic exchange between Ferdinand of Habsburg's emissary and the sultan.

During the tulip mania period, many paintings were executed, and many books of illustrations were published. Some of them documented botanical collections, others served traders to show customers plants when the bulbs were not in bloom.

The Dutch became famous for flowerpot paintings sometimes reproducing also insects and birds' nests. These paintings, although not scientific illustrations, were botanically accurate and reflected the collectors' enthusiasm for their gardens and valuable plant collections.

Collections of plants and flowers in gardens often had a counterpart in the collection of paintings of *still lifes* and *portraits of flowers in vases*, of Flemish provenance. These paintings displayed rare precision in portraying the various specimens of flowers and precious elegance in the composition, but often this grace was not an end in itself and captured the view in a contemplative manner or conveyed moral content, such as that related to the theme of *vanitas* (Zalum Cardon 2008, pp. 226-239).

Botany, an independent branch of science

It was mainly in the area of visual representation that the emancipation of botany from medicine and its establishment as an autonomous form of knowledge occurred during the early modern age (Zucchi 2003). Botany ceased to be a branch of medicine and became an autonomous discipline only at the time of Charles Linnaeus (1707-1778), a Swedish physician, botanist and naturalist. A crucial figure in eighteenth-century botany, Linnaeus changed the face of botanical illustrations with his classification system based on flower structure and the number of male and female parts. Thanks to Linnaeus, plants were named according to a binomial nomenclature largely still in use today; plants were ordered according to the number and position of the pistil and stamens, basing his classification on the sexual apparatus of plants (Jeanson, Fauve 2019, pp. 91-100).

Alongside the scientific studies based on organic synthesis theorised by Linnaeus, there were works of popularisation aimed at a broad audience, which also included books written specifically for women. Many of these volumes have important illustrations that reproduce flowers and plants in detail and colour. Let us not forget that in the nineteenth century printing techniques were introduced in addition to woodcut, such as aquatint, lithography, and chromolithography, which were coloured by hand.

The nineteenth century and modern botany

The nineteenth century was a period of lavish typographic projects that brought together scientists, painters and engravers in the common goal of describing the natural world. Already from the end of the eighteenth century, printing had followed the extraordinary development of naturalistic studies and was a showcase for brilliant artists trained in academies, museums and botanical gardens, skilled in mastering the new techniques of reproduction. At that time, collaboration between naturalists and artists was considered crucial for the purpose of scientific publications of monumental repertories of local or thematic flora that were published with great classification fervour (Tosi 2000).

Both fine limited editions and works of popularisation for the general public were being published at the same time. New techniques were being explored to render the fineness of detail and the life and mystery of plants, such as lithography and stipple engraving, which used a network of small, more or less dense dots to indicate the outline instead of lines.

In addition to rare and exotic plants, local floras and books on anatomy and morphology proliferated, the study of fossils intensified, and palaeobotany was given dignity as a

Cortusa Matthioli, Mentha Sylvestris, Salvia Aethiopis, Pulmonaria Officinalis, in Constantin von Ettingshausen - Alois Pokorny, *Physiotypia Plantarum Austriacarum: der Naturselbstdruck in seiner Anwendung auf die Gefässpflanzen des österreichischen Kaiserstaates, mit besond. Berücksichtigung der Nervation in den Fläczhenorganen der Pflanzen*, vol. 4, Wien 1856. Trieste, Biblioteca del Museo Civico di Storia Naturale.

a destra/right
Angelica Sylvestris, in Constantin von Ettingshausen - Alois Pokorny, *Physiotypia Plantarum Austriacarum: der Naturselbstdruck in seiner Anwendung auf die Gefässpflanzen des österreichischen Kaiserstaates, mit besond. Berücksichtigung der Nervation in den Fläczhenorganen der Pflanzen*, vol. 4, Wien 1856. Trieste, Biblioteca del Museo Civico di Storia Naturale.

Angelica sylvestris Linn.

tecnica *gouache,* normalmente utilizzata per colorare. Le sue opere sono rinomate per la trasparenza dei suoi colori e la vasta gamma di sfumature. I suoi fiori eseguiti in mina di piombo sono colorati in rapido acquarello e spesso ritoccati con matite colorate.

Ai tomi tematici di gran lusso presenti a Miramare, molti provenienti dal casato di Carlotta, va aggiunto anche il magnifico *Pescatorea* che raccoglie 48 splendide tavole cromolitografiche dedicate alle orchidee (cat. 17). Tra i libri dedicati a una singola specie, vanno segnalate le opere sulle conifere, sui cipressi, sulle palme, sulle spugne e le diverse flore.

Nel XIX secolo, la fascinazione per la botanica raggiunse il suo apice non solo tra i botanici, collezionisti e gli studiosi ma anche per la popolazione tutta. Si moltiplicarono le società botaniche di professionisti e semplici amatori, i concorsi, gli scambi, gli incontri in tutta Europa. Di conseguenza vennero prodotti anche trattati di botanica rivolti al grande pubblico.

Per la comunicazione delle nuove conoscenze botaniche sorsero riviste specializzate, spesso pubblicate in fascicoli accessibili a un pubblico sempre maggiore. Una delle prime tra queste fu "Curtis's Botanical Magazine", fondato da William Curtis, il cui primo numero apparve il primo febbraio del 1787 al costo di uno scellino. Lilian Snelling, Margaret Stones, Stella Ross-Craig, Mary Grierson e Pandora Sellars sono alcuni fra i numerosi illustratori del "Curtis's Botanical Magazine".

Laelia purpurata, in Jean Jules Linden, *Pescatorea: Iconographie des Orchidées*, Bruxelles 1860.

a destra/right
Rosa Gallica flore giganteo, in Pierre-Joseph Redouté – Claude Antoine Thory, *Les roses*, Paris 1817–1824.

Rosa Gallica flore giganteo.   *Rosier de Provins à fleur gigantesque.*

Nella biblioteca di Miramare sono invece conservati diversi volumi delle "Annales de Flore et Pomone" (cat. 1), molti volumi della "Belgique Horticole" (cat. 25), le pubblicazioni dell'Associazione zoologico-botanica e dell'Imperialregia Compagnia zoologico-botanica (*Verhandlungen des zoologisch-botanischen Vereines*, 1852 e *Verhandlugen der k.k. Zoologisch-botanischen Gesellschaft*, 1860-1862).

In questo periodo si iniziò a produrre anche la strumentazione didattica per insegnare la botanica, creando fiori e frutti in diversi materiali a grandezza maggiorata rispetto alla realtà per spiegarne le parti, la composizione interna o semplicemente per poterli mostrare anche nelle stagioni al di fuori della fioritura (Bogaert-Damin 2007).

Furono inoltre concepiti pannelli esplicativi che illustrano i fiori in tutte le loro parti raffigurati in grande formato così da facilitarne la visione agli studenti. Una serie di questi interessanti pannelli si trovano presso il Museo di Storia Naturale di Trieste, che nel 1855 si chiamava Civico Museo Ferdinando Massimiliano e che sotto l'alto protettorato dell'arciduca si arricchiva di numerose donazioni e di reperti provenienti da diverse spedizioni.

Crinum scabrum, in *Annales de Flore et Pomone, ou Journal des jardins et des champs*, Paris 1833-1847.

discipline in its own right. Every country in Europe devoted itself to discovering and classifying local and wild flora, and making them accessible through prestigious publications (Bogaert-Damin 2007).

The technique of nature printing *(Naturalselbstdruck)* used for Constantin von Ettingshausen's work, *Physiotypia Plantarum Austriacarum*, is quite unique. It was a monumental book published in five imperial volumes, each containing one hundred folio-size plates by Alois Auer, accompanied by a text produced by Alois Pokorny. A book by the same author on the vegetation of the city of Iglau is also found in the library (Pokorny, *Die Vegetationsverhältnisse von Iglau*, 1852, cat. 31).

The *Physiotypia Plantarum* is the largest work ever published using this technique, which consisted in pressing a natural plant, flower or leaf between a leather plate and a lead plate. The mark left on the lead plate would then be copied by electrotyping onto another plate that was used for printing, achieving an extremely realistic result in the finer details of the ribbing and the impression of relief that gave such a vivid appearance that no other technique could give. This technique was soon abandoned for its cost, complexity of execution and extensive use of organic material.

It should be remembered that Alois Auer was the director of the Hof-und Staatsdruckerei in Vienna, the Imperial State Printing House, where he also established the photography department, believing in the exploration of all the most modern imaging techniques (Faber, Gröning 2008; Peraldo 2008).

The monumental thematic series that Pierre-Joseph Redouté devoted to roses and Liliaceae were of exquisite refinement. A master of art at the French royal court, he became the *protégé* of Joséphine de Beauharnais, first wife of Napoleon Bonaparte, who commissioned him to paint the flowers in the garden of the Château de la Malmaison. He created over two thousand plates intended for printing and depicting over one thousand eight hundred different species, many of which had never been reproduced before. His two most famous books are *Les liliacées* (1802-1816), in eight volumes containing five hundred illustrations of Liliaceae, and *Les roses* (1817- 1824), his best work, to which he owes his fame. Other works include *Choix des plus belles fleurs et des fruits* (1827-1833), a collection of 144 watercolour drawings made on copper plates.

In his creations Redouté substituted the *gouache* technique normally used for colouring with watercolour to give greater lightness. His works are renowned for the transparency of his colours and the wide range of hues. His flowers executed with lead pencil are coloured with rapid watercolours and often touched up with coloured pencils.

In addition to the lavish thematic tomes in Miramare, many from Charlotte's family, there is also the magnificent *Pescatorea*, which collects forty-eight marvellous chromolithographic plates on orchids (cat. 17). Among the books devoted to a single species, it is worth noting the works on conifers, cypresses, palms, sponges, and different floras.

In the nineteenth century, fascination with botany reached its peak not only among botanists, collectors, and scholars but also for the general population. Botanical societies of professionals and simple amateurs, competitions, exchanges, and meetings all over Europe proliferated. As a result, botanical treatises aimed at the general public were also published. Specialised journals were born to communicate new botanical knowledge, often published in regular instalments for an increasingly broader public. One of the first among these was *Curtis's Botanical Magazine*, founded by William Curtis whose first issue was published on 1st February 1787 at a cost of one shilling. Lilian Snelling, Margaret Stones, Stella Ross-Craig, Mary Grierson and Pandora Sellars are some of the many illustrators in *Curtis's Botanical Magazine*. The Miramare library, on the other hand, features several volumes of the *Annales de Flore et Pomone* (cat. 1), many volumes of *La Belgique Horticole* (cat.

pagine seguenti/following pages
Zafferano e Cappero, tavole didattiche murali botaniche realizzate da Hermann Zippel e Carl Bollmann, edite da Friederich Vieweg & Sohn di Braunschweig, Germania, tra 1876 e 1899/*Saffron and Caper*, botanical mural didactic plates by Hermann Zippel and Carl Bollmann, edited by Friederich Vieweg & Sohn of Braunschweig, Germany, between 1876 and 1899. Trieste, Museo Civico di Storia Naturale.

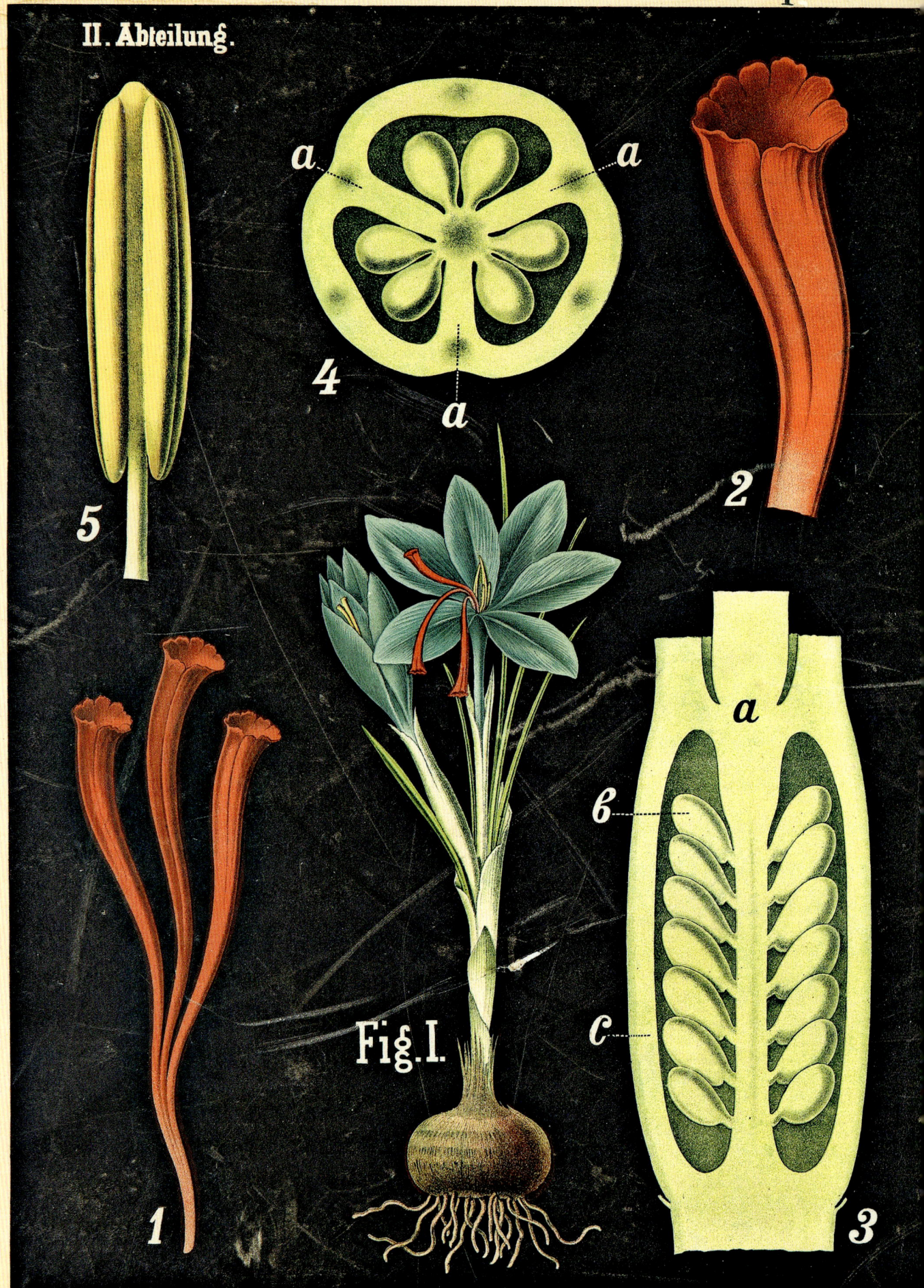

in farbigen Wandtafeln.

Tafel 13.

Fig. II.

gezeichnet von CARL BOLLMANN. Lith. art. Inst. von C. BOLLMANN, Gera, Reuss j. L.

Gemeiner Kappernstrauch (Capparis spinosa L.). Etwas vergröfsert.

1) Blüte nach Entfernung der Staubblätter; 2) junge Frucht; 3) Same, vergröfsert; 4) Querschnitt der Frucht von Capparis Aegyptia.

A Trieste Muzio Tommasini si occupava della flora delle Alpi Giulie, dell'Istria e della Dalmazia. Tra gli esemplari studiati risultano alcune alghe raccolte a metà dell'Ottocento nelle acque limitrofe al castello e le conifere del Parco di Miramare. Tra queste, un commovente reperto del *Pinus sabiniana* piantato a suo tempo da Massimiliano e tuttora esistente.

Di grande importanza scientifica è il libro sulla flora del Brasile curato da Karl Friedrich Philipp von Martius (Martius, *Die Phisiognomie des Pflanzenreiches*, 1824; cat. 23), di cui Massimiliano possedeva una copia stampata a Monaco il 14 febbraio 1824.

Sui risultati botanici del viaggio in Brasile di Massimiliano tra il 1859 e il 1860 vanno menzionati una serie di fascicoli su redazione di Wawra e Maly (Wawra, Maly, *Neue Pflanzenarten*, 1862-1863; cat. 47), la pubblicazione in grandi dimensioni stampata nel 1866 (Wawra, *Botanische Ergebnisse*, 1866; cat. 48) e quella del 1879 (Peyritsch, *Aroideae Maximilianae*, 1879; cat. 30), successiva alla morte di Massimiliano, entrambe con lo stemma del Messico sul frontespizio. Vi sono poi molti libri di botanica generale variamente illustrati; tra questi manuali quelli di Balfour (Balfour, *A manual of botany,* 1855; cat. 4) e atlanti botanici come quello di Robiati (Robiati, *Atlante elementare,* 1847; cat. 37).

Non mancano i manuali di fisiologia e tassonomia delle piante (Clerc, *Manuel élémentaire de botanique,* 1835; cat. 7). Appartenevano a Carlotta una serie di corpose pubblicazioni in lingua francese, come la monumentale opera che illustra l'enorme collezione del Jardin des Plantes, il maggiore orto botanico di Francia (Bernard, Couailhac, Gervais, Le Maout, *Le Jardin des Plantes*, 1842; cat. 5), così come il manuale di botanica tassonomica di Le Maout (Le Maout, *Botanique-organographie et taxonomie,* 1852*;* cat. 15).

Interessante la presenza nella biblioteca della raccolta sulle erbe autoctone dell'impero austriaco che implica anche la conoscenza delle flore locali (Neilreich, *Nachträge zu Maly's Enumeratio*, 1861; cat. 26). Tra le pubblicazioni dedicate a luoghi specifici andrebbero menzionati anche quelli dedicati alla Svizzera, alla Germania e la Boemia (Masius, *Naturstudien*, 1857; cat. 24. Cürie, *Anleitung die in Deutschland wildwachsenden Pflanzen,* 1843; cat. 8. Pokorny, *Die Vegetationsverhältnisse von Iglau*, 1852; cat. 31).

Tra i libri dedicati a una singola specie merita particolare menzione il volume *Die Palmen: populäre Naturgeschichte derselben und ihrer Vervanten*, di Berthold Seemann, 1857 (cat. 42).

La botanica nel suo aspetto più semplice era declinata in una serie di pubblicazioni dirette al

Tallo di alga *Ceramium elegans* (Roth) Ducluzeau, raccolta presso il Castello di Miramare/*Ceramium elegans* (Roth) Ducluzeau alga thallus, collected at the Miramare Castle, giugno/June 1869, n. inv. AI-40/829. Trieste, Museo Civico di Storia Naturale.

25), and the publications of the Zoological-Botanical Association and the Royal Imperial Zoological-Botanical Company (*Verhandlungen des zoologisch-botanischen Vereines*, 1852 e *Verhandlugen der k.k. Zoologisch-botanischen Gesellschaft*, 1860-1862).

In this period, educational instruments to teach botany also began to be produced, creating flowers and fruits in different materials at larger than life-size to explain their parts, internal composition, or simply to be able to show them even in seasons when they do not blossom (Bogaert-Damin 2007).

Explanatory panels were also devised to illustrate the flowers in all their parts depicted in large format to make it easier for students to view them. A number of these interesting panels can be found at the Museum of Natural History in Trieste, which in 1855 was called Civico Museo Ferdinando Massimiliano [Ferdinand Maximilian Civic Museum] and which under the patronage of the archduke was enriched with numerous donations and artifacts from various expeditions.

In Trieste, Muzio Tommasini studied the flora of the Julian Alps, Istria and Dalmatia. The specimens collected included some conifers from the Park of Miramare and seaweed collected in the mid-nineteenth century and beyond from the nearby waters. A moving specimen is a branch of the *Pinus sabiniana* planted in the foothills of the park at the time by Maximilian and still extant.

Of great scientific importance was the book on the flora of Brazil edited by Karl Friedrich

Exsiccatum di Pinus sabiniana Douglas ex D. Don con infiorescenza, raccolto nel 1872 da A. Vogel dal pino tutt'oggi esistente nel Parco di Miramare/*Exsiccatum of Pinus sabiniana* Douglas ex D. Don with inflorescence, collected in 1872 by A. Vogel from the pine still existing today in the Miramare Garden, n. inv. Er-1/930. Trieste Museo Civico di Storia Naturale.

grande pubblico, come il libro sulle piante e la loro vita di Matthias Jakob Schleiden, che reca il monogramma di Massimiliano sul dorso (Schleiden, *Die Pflanze und ihr Leben*, 1858; cat. 38).

La conclusione di un lungo processo

Storicamente, le piante e i prodotti naturali hanno fornito una fonte inesauribile di medicinali, dominando la farmacopea umana per migliaia di anni quasi incontrastati fino alla creazione della prima droga sintetica prodotta a partire da un ingrediente attivo dei rimedi erboristici analgesici. Questo risultato ha inaugurato un'era dominata dall'industria farmaceutica.

Montrichardia linifera, in Johann Peyritsch, *Aroideae Maximilianae*, Wien 1879.

Philipp von Martius (Martius, *Die Phisiognomie des Pflanzenreiches*, 1824; cat. 23); Maximilian owned a German copy printed in Munich on 14 February 1824.

A series of booklets on the botanical discoveries of Maximilian's voyage to Brazil between 1859 and 1860 published by Wawra and Maly is worth mentioning (Wawra, Maly, *Neue Pflanzenarten*, 1862-1863; cat. 47), the large-format publication printed in 1866 (Wawra, *Botanische Ergebnisse*, 1866; cat. 48), and the edition of 1879 (Peyritsch, *Aroideae Maximilianae*, 1879; cat. 30) following the death of Maximilian, both with the Mexican coat of arms on the frontispiece. There are also many variously illustrated books on general botany, among them manuals such as Balfour's (Balfour, *A manual of botany*, 1855, cat. 4) and botanical atlases such as Robiati's (Robiati, *Atlante elementare*, 1847, cat. 37).

There is no shortage of manuals on plant physiology and taxonomy (Clerc, *Manuel élémentaire de botanique*, 1835; cat. 7). A number of large French-language publications belonged to Charlotte, such as the monumental work illustrating the enormous collection of the Jardin des Plantes, the largest botanical garden in France (Bernard, Couailhac, Gervais, Le Maout, *Le Jardin des Plantes*, 1842; cat. 5), as well as Le Maout's manual of taxonomic botany (Le Maout, *Botanique-organographie et taxonomie*, 1852; cat. 15).

It is interesting to note the presence in the library of the collection on the native herbs and flowers of the Austrian Empire, which also implies knowledge of local flora (Neilreich, *Nachträge zu Maly's Enumeratio*, 1861; cat. 26). Among the publications on specific places, those devoted to Switzerland, Germany, and Bohemia should also be mentioned Boemia (Masius, *Naturstudien*, 1857; cat. 24. Cürie, *Anleitung die in Deutschland wildwachsenden Pflanzen*, 1843; cat. 8. Pokorny, *Die Vegetationsverhältnisse von Iglau*, 1852; cat. 31).

Among the books devoted to a single species, the volume *Die Palmen: populäre Naturgeschichte derselben und ihrer Vervanten*, di Berthold Seemann, 1857 (cat. 42), concerning palms, is worth mentioning.

Botany at its simplest was described in a series of publications for the general public, such as Matthias Jakob Schleiden's book on plants and their lives, which bears Maximilian's monogram on the spine (Schleiden, *Die Pflanze und ihr Leben*, 1858, cat. 38).

The conclusion of a long process

Historically, plants and natural products have provided an inexhaustible source of medicines, dominating human pharmacopoeia for thousands of years almost unchallenged until the creation of the first synthetic drug produced from an active ingredient in analgesic herbal remedies. This achievement ushered in an era dominated by the pharmaceutical industry.

A similar process occurred in botanical representation. A long journey began in the Renaissance that led to plants not only being shown, but being observed, described, and explained. In botanical art, multiple techniques and expedients were experimented with to portray plants in their details, beauty and richness of colour. The aesthetic effect of flowers was strongly developed in drawing and painting, where flowers became important subjects to be fixed in their fragile and fleeting splendour.

The representation of the plant world in the nineteenth century became incredibly important. It was an era in which knowledge expanded to plants from around the world, but at the same time great attention was devoted to the local wild plant heritage, with the publishing of the various floras that distinguished the various European countries. Also new was the aspiration to spread knowledge outside the circles of specialists and scholars.

Attention to the image was at its highest, directed at offering an accurate depiction, scientific detail, and a visual explanation. Alongside lavish folio publications, there were paperback books, made specifically to accompany solitary botanical excursions. The pages of these pretty books also featured interesting tables, such as the *Horloge de Flore*, with

Xanthosoma Maximiliani,
in Johann Peyritsch, *Aroideae Maximilianae*, Wien 1879.

a destra/right
Xanthosoma Maximiliani,
in Johann Peyritsch, *Aroideae Maximilianae*, Wien 1879.

Xanthosoma Maximiliani.

Un processo simile avviene nel contesto della rappresentazione botanica. Nel Rinascimento inizia un lungo percorso che porta le piante non solo a essere mostrate, ma a essere osservate, descritte e spiegate. Nell'arte botanica si sperimentano molteplici tecniche e accorgimenti per ritrarre le piante nei loro dettagli, nella loro bellezza e ricchezza di colori. L'effetto estetico dei fiori si sviluppa fortemente nel disegno e nella pittura, dove i fiori diventano importanti soggetti da fissare nel loro fragile e fugace splendore.

La rappresentazione del mondo vegetale nell'Ottocento acquista importanza in forza ed intensità. È questa un'epoca in cui la conoscenza si estende alle piante del mondo intero, ma al contempo si consacra grande attenzione al patrimonio vegetale spontaneo locale, con la produzione delle varie flore che di Paese in Paese contraddistinguono le pubblicazioni europee. Nuova è anche la volontà di diffondere il sapere al di là dell'interesse degli specialisti e degli studiosi.

L'attenzione all'immagine è in primissimo grado rivolta alla corretta raffigurazione, al dettaglio scientifico e alla sua spiegazione visiva. Le lussuose pubblicazioni in folio sono affiancate da libri tascabili, fatti apposta per accompagnare solitarie passeggiate botaniche. Tra le pagine di questi graziosi libri si trovano anche interessanti prospetti come l'*Horloge de Flore* che precisa l'ora in cui ciascun fiore apre la corolla al mattino (Rastoin-Brémond, *Lettres d'un frère à sa soeur*, 1829; cat. 32).

L'Ottocento è anche il tempo delle nuove scoperte tecnologiche. Tra queste la fotografia. L'uso del dagherrotipo per riprodurre esemplari del mondo naturale inizia ad affascinare botanici e zoologi intorno alla metà del secolo e prelude al futuro della fotografia anche nell'ambito nella rappresentazione scientifica, seguendo un inarrestabile progresso che in futuro non renderà più necessario l'apporto prezioso degli artisti e degli illustratori (Antoine, *Die Cupressineen-Gattungen*, 1857; cat. 2).

the precise time at which each flower opens its corolla in the morning (Rastoin-Brémond, *Lettres d'un frère à sa soeur*, 1829, cat. 32).

The nineteenth century was also a time of new technological discoveries. These included photography. The use of the daguerreotype to reproduce specimens of the natural world began to fascinate botanists and zoologists around the middle of the century and foreshadowed the future of photography also in scientific representation, following an unstoppable progress that in the future would no longer require the valuable work of artists and illustrators (Antoine, *Die Cupressineen-Gattungen*, 1857; cat. 2).

Fotografia di un/Photograph of a specimen of *Juniperus biasolettii*, in Franz Antoine, *Die Cupressineen-Gattungen: Arceuthos, Juniperus und Sabina*, Wien 1857.

Libri e giardini

Nel catalogo della biblioteca di Miramare esiste una sezione indipendente per le opere dedicate ai giardini, intitolata *Giardinaggio (Gärtnerei)*, che include una serie di libri in inglese, francese e tedesco, diverse trattazioni sull'architettura del paesaggio, studi sui giardini e sugli edifici nei parchi, descrizioni dei giardini europei.

Le caratteristiche della biblioteca dimostrano che Massimiliano e probabilmente anche Carlotta erano al corrente delle discussioni sui diversi concetti di giardino, e in particolare del dibattito esistente al tempo tra i fautori del giardino paesaggistico, derivato dal tipo naturalistico all'inglese, e quelli del giardino formale, improntato al classico modello geometrico all'italiana (Watkin 2008; Pietrogrande, Pizzamiglio 2009; Visconti 2013).

La concezione del Parco di Miramare, in cui convivono una zona paesaggistica e una formale, va inserita in questo contesto di profondo rinnovamento nella progettazione dei giardini.

Massimiliano e Carlotta conoscevano le opere John Claudius Loudon, la cui enciclopedia delle piante era tra i libri della biblioteca, così come *An encyclopaedia of trees and shrubs* (cat. 20), così come l'opera enciclopedica sulle architetture da giardino pubblicate da Loudon (Loudon, *An encyclopaedia of cottage*, 1857; cat. 21).

Figura fondamentale per comprendere lo sviluppo dell'idea di giardino europeo dell'inizio dell'Ottocento, John Claudius Loudon (1783–1843), botanico scozzese, progettista di giardini e paesaggi, affrontò il rapporto tra la scienza botanica e l'arte del giardinaggio, producendo una sorta di enciclopedia del gigantesco patrimonio arboreo dell'Inghilterra. Loudon partecipò al movimento ormai diffusissimo che propugnava la nuova estetica del giardino pittoresco in contrapposizione a quello paesaggistico, ma il suo modo di riprogettare il giardino centrato sull'integrazione organica degli interventi ambientali con quelli architettonici, gestiti in maniera eclettica, costituiva di fatto un superamento di quei modelli. Fu uno dei primi esponenti dello stile di giardinaggio paesaggistico *gardenesque*, fondò "The Gardener's Magazine" e fu l'autore dell'*Encyclopaedia of Gardening*, del 1822, ristampata più volte per oltre mezzo secolo.

Come abbiamo visto, Carlotta aveva tra i suoi libri più usati l'opera di Victor Petit, di cui probabilmente copiava le illustrazioni sulle abitazioni campestri (Petit, *Habitations champêtres*, 1855; cat. 28).

Nel catalogo della biblioteca è menzionato anche il libro di Humphry Repton che operò un compromesso tra il nuovo giardino fiorito e il parco romantico, ammettendo le diverse funzioni di parco e giardino e sottolineando anche la loro disarmonia stilistica. Fu anche in parte responsabile della divulgazione del motivo della terrazza aperta che si affaccia sul parco (Repton, *Landscape Gardening and Landscape Architecture*, 1840).

Non mancavano nella biblioteca le opere di Hermann von Pückler-Muskau e di Karl Friedrich Schinkel, che riflettevano l'influenza dei luoghi frequentati dall'arciduca nella sua infanzia e giovinezza e dell'educazione ricevuta nel suo ambiente (Pückler-Muskau, *Der Vorläufer*, 1838; Pückler-Muskau, *Südöstlicher Bildersaal*, 1840-1841; Schinkel, *Werke der höheren Baukunst*, [184.]).

La cura di un giardino implica anche la conoscenza delle regole del giardinaggio e dell'orticultura, per questo si trovavano in biblioteca libri come *The gardener's Kalendar; or, monthly directory of operations in every branch of horticulture* (cat. 27) e gli album per giardinieri e amanti del giardino (Rohland, *Album für Gärtner und Gartenfreunde*, 1858).

Books and gardens

In the Miramare library catalogue, there is an independent section for works on *Gardening* (*Gärtnerei*), which includes a series of books in English, French, and German, several treatises on landscape architecture, studies of gardens and buildings in gardens, and descriptions of European parks.

The characteristics of the library show that Maximilian and perhaps Charlotte too were aware of the discussions about different garden concepts, and in particular of the debate at the time between the advocates of the landscape garden, derived from the type of the naturalistic English garden, and those of the formal garden, marked by the classical model of the geometric Italian garden (Watkin 2008; Pietrogrande, Pizzamiglio 2009; Visconti 2013).

The plan of the Park of Miramare, in which both models coexist, falls within this context of profound renewal in garden design.

Maximilian was familiar with the works of John Claudius Loudon, whose encyclopaedia of plants was among the books in his library, as well as *An encyclopaedia of trees and shrubs* (cat. 20), as well as the encyclopaedic work on garden architecture published by Loudon (Loudon, *An encyclopaedia of cottage*, 1857; cat. 21).

A key figure in understanding the development of the early nineteenth-century idea of European garden, John Claudius Loudon (1783-1843), a Scottish botanist, garden and landscape designer, addressed the relationship between botanical science and the art of gardening, producing a sort of encyclopaedia of Britain's huge tree heritage. Loudon participated in the now widespread movement that advocated the new aesthetic of the picturesque garden as opposed to the landscape garden, but his way of redesigning the garden centred on the systematic integration of environmental works with architectural works, managed in an eclectic manner, was de facto a step beyond these models. He was one of the earliest advocates of the *gardenesque* style of landscape gardening, founded *The Gardener's Magazine* and was the author of the *Encyclopaedia of Gardening*, 1822, reprinted several times for more than half a century.

As we have seen, among Charlotte's most used books was Victor Petit's, whose illustrations on rural dwellings she probably copied (Petit, *Habitations champêtres*, 1855; cat. 28).

Also mentioned in the library catalogue is the book by Humphry Repton, who found a compromise between the new flower garden and the romantic park, acknowledging the different functions of a park and garden and also pointing out their stylistic disharmony. He was also partly responsible for popularising the motif of the open terrace overlooking the park (Repton, *Landscape Gardening and Landscape Architecture*, 1840).

There was no lack in the library of works by Hermann von Pückler-Muskau and Karl Friedrich Schinkel, which reflected the influence of the places the archduke frequented in his childhood and youth and the education he received in his environment (Pückler-Muskau, *Der Vorläufer*, 1838; Pückler-Muskau, *Südöstlicher Bildersaal*, 1840-1841; Schinkel, *Werke der höheren Baukunst* [184.]).

Tending a garden also involves knowing the rules of gardening and horticulture, which is why books such as *The gardener's Kalendar; or monthly directory of operations in every branch of*

Lo studio di un giardino va dall'analisi della struttura delle serre alla statuaria classica con cui decorarlo, ragion per cui si trovano i testi di Romano e Schwendenwein (Romano, Schwendenwein von Lanauberg, *Details eines Wintergartens*, s.d.) e Moritz Geiss (Geiss, *Zinkguss-Ornamente,* [dopo il 1840] e 1863).

Fonti d'ispirazione sono ovviamente gli altri giardini contemporanei visitati o vissuti, su molti dei quali troviamo libri descrittivi e corredati da illustrazioni e studi. Tra questi i giardini di Parigi, Londra, Monza (Petit, *Parcs et jardins,* s.d.; cat. 29 e *Ein Detail-Entwurf aus dem Garten von Monza*, s.d.). Particolarmente interessanti e preziose alcune carte e mappe di città europee come Monza, Berlino, Potsdam collocate in una cartella separata della biblioteca di Miramare (Brenna, *Topografia della città di Monza e d'l. R. Villa,* 1845; Boehm, *Plan von Berlin*, 1852; *Grundriss von Berlin*, [18..]; *Karte der Umgebung von Berlin*, [18..]; *Topographische Karte der Umgegend von Berlin*, [18..]; *Plan der Umgegend von Potsdam*, 1848; *Plan von Potsdam*,

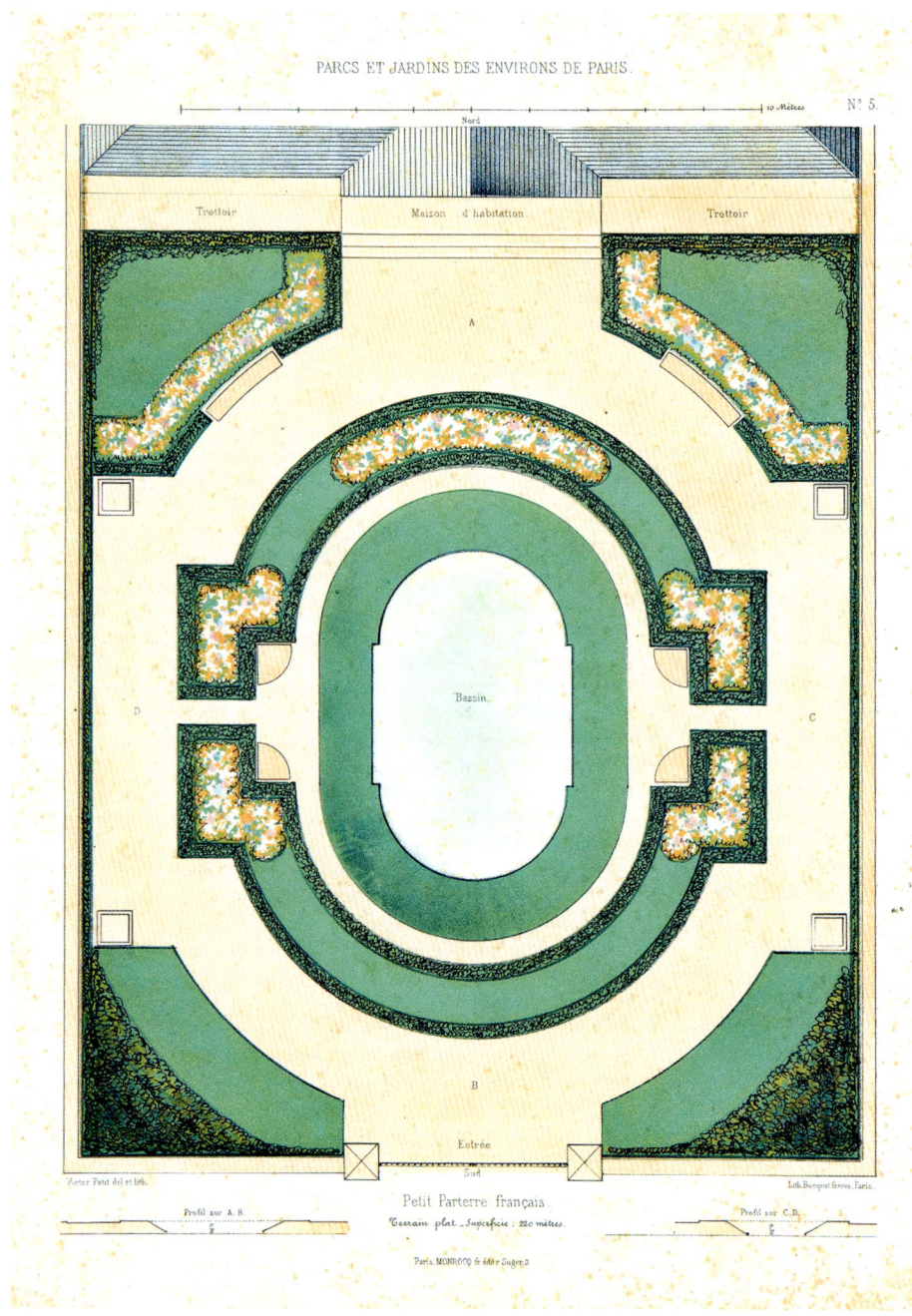

Petit parterre français, in Victor Petit, *Parcs et jardins des environs de Paris. Nouveau recueil de plans de jardins et petits parcs*, Paris s.d./n.d.

horticulture (cat. 27), and albums for gardeners and garden lovers could be found in the library (Rohland, *Album für Gärtner und Gartenfreunde*, 1858).

The study of a garden ranges from the analysis of the structure of greenhouses to the classical statuary with which to decorate a garden, which is why the texts by Romano (Romano, Schwendenwein von Lanauberg, *Details eines Wintergartens*, n.d.) and Moritz Geiss (Geiss, *Zinkguss-Ornamente*, [after 1840] and 1863) are present.

Sources of inspiration for a garden were, of course, other contemporary gardens visited or

Cofanetto con vedute di Sanssouci e Potsdam/Casket with views of Sanssouci and Potsdam, 1856, n. inv TD5504.

Carl Daniel Freydanck (attr.), *Sanssouci*, 1843-1844, n. inv. AH55006.

BOOKS AND GARDENS

Werder, Gr. Beeren, Teltow, Fahrland, Ketzin, [18..]; Grundy, *The stranger's guide to Hampton Court palace and gardens*, 1861).

Tra i testi consultati per il progetto del Parco di Miramare, i modelli di opere di architettura inventati da Schinkel per l'esecuzione, un libro su Babelsberg (Strack, Gottgetreu, *Schloss Babelsberg*, 1858) e le raccolte di disegni, progetti e piani di parchi che ricorda i *Plans raisonnés* di Gabriel Thouin (1754-1829), così come testi sulle costruzioni e gli arredi del parco (Schinkel, *Werke der höheren Baukunst*, [184.]. Siebeck, *Ideen zu kleinen Gartenanlagen,* 1857; cat. 43. Petit, *Habitations champêtres,* 1855; cat. 28. Petit, *Parcs et jardins,* s.d.; cat. 29).
Il giardino di Sanssouci a Potsdam, il padiglione delle delizie voluto e realizzato da Federico il Grande di Prussia nel 1745 come ritiro arcadico in cui poter coltivare le proprie inclinazioni, fu molto probabilmente una fonte di ispirazione importante per il Parco di Miramare. Molti settori del giardino, a partire dal 1821, acquistarono una struttura paesaggistica per mano dell'artista dei giardini Peter Joseph Lenné. Alcune ali dell'edificio furono ampliate nel 1840 da Federico Guglielmo IV (Kühn, Scherf 2009; Hüneke, Rohde 2013). Interessante una serie di oggetti della collezione del Castello di Miramare che ritraggono questo giardino: un dipinto su porcellana e un elegante cofanetto sulle cui facce sono raffigurati su porcellana diversi scorci di Sanssouci e Potsdam. Da una nota dell'archivio della Reale Manifattura di Porcellane di Potsdam emerge che questo cofanetto fu donato nel 1856 da Federico Guglielmo IV di Prussia all'arciduca. Forse Massimiliano condivideva la passione per i giardini con Federico Guglielmo, amante del parco paesaggistico e patrono degli artisti, tra cui Karl Friedrich Schinkel.
Il cofanetto è realizzato in legno ebanizzato arricchito da intarsi a niello in argento. Sui cinque piatti in porcellana sono raffigurati il Belvedere di Sanssouci tratto da un acquarello di Carl Graeb del 1855, il *parterre* del giardino tratto da un quadro di Carl Daniel Freydanck del 1843, il Palazzo Nuovo eseguito dallo stesso autore nel 1842, il Palazzo Municipale di Potsdam basato su una litografia di Whilelm Loeillot del 1849, opere conservate presso l'Archivio della Reale Manifattura di Porcellane di Potsdam.

Il dipinto su porcellana, racchiuso in una bella cornice dorata, raffigura la terrazza e il *parterre* del giardino di Sanssouci. La porcellana porta sul retro il marchio della KPM, in uso dal 1825 per molto tempo soprattutto per le targhe illustrate. L'immagine del piatto in porcellana si riferisce a uno schizzo ad olio realizzato da Carl Daniel Freydanck (1811-1887) databile intorno al 1843-1844. Il progetto artistico del giardino della terrazza qui mostrata non fu iniziato fino al 1837. Presumibilmente, la veduta documenta lo stato del *parterre* commissionato da Federico Guglielmo IV di Prussia. I dipinti su porcellana di solito non erano firmati, quindi si può solo presumere che anche il dipinto su porcellana sia stato eseguito da Freydanck.
Altri oggetti di Miramare, che pure contengono immagini di giardini su porcellana, portano inoltre nella direzione, forse più ovvia, della dimora viennese di Schönbrunn. Si tratta di un *kit* per la scrittura di lettere e di un altro cofanetto di legno.

Molto poco si conosce delle preferenze di Carlotta in fatto di giardini, tuttavia alla luce di ciò che è emerso dalla ricerca fin qui condotta, e soprattutto dall'analisi dei libri di botanica della biblioteca del castello, dovremmo riconsiderare il suo ruolo nel progetto del giardino di Miramare e della sua collezione botanica.

experienced, on many of which we find descriptive books featuring illustrations and studies. These include the gardens of Paris, London, and Monza (Petit, *Parcs et jardins,* n.d.; cat. 29. *Ein Detail-Entwurf aus dem Garten von Monza*, n.d.). Especially interesting and valuable are some maps and charts of European cities such as Monza, Berlin, and Potsdam placed in a separate folder in the Miramare library (Brenna, *Topografia della città di Monza e d'I. R. Villa*, 1845; Boehm, *Plan von Berlin,* 1852; *Grundriss von Berlin,* [18..]; *Karte der Umgebung von Berlin,* [18..]; *Topographische Karte der Umgegend von Berlin,* [18..]; *Plan der Umgegend von Potsdam,* 1848; *Plan von Potsdam, Werder, Gr. Beeren, Teltow, Fahrland, Ketzin,* [18..]; Grundy, *The stranger's guide to Hampton Court palace and gardens*, 1861).

Among the texts consulted for the Park of Miramare, models of architectural works invented by Schinkel for execution, a book on Babelsberg (Strack – Gottgetreu, *Schloss Babelsberg,* 1858) and collections of drawings, designs and park plans reminiscent of the *Plans raisonnés* by Gabriel Thouin (1754-1829), as well as texts on park buildings and furnishings (Schinkel, *Werke der höheren Baukunst* [184.]. Siebeck, *Ideen zu kleinen Gartenanlagen,* 1857; cat. 43. Petit, *Habitations champêtres,* 1855; cat. 28. Petit, *Parcs et jardins*; n.d., cat. 29).

The Sanssouci Garden in Potsdam, the pavilion of delights desired and built by Frederick the Great of Prussia in 1745 as an Arcadian retreat in which to cultivate one's inclinations, was most likely an important source of inspiration for the Park of Miramare. Many sections of the garden beginning in 1821 took on a landscape structure at the hands of the garden artist Peter Joseph Lenné. Some wings of the building were expanded in 1840 by Frederick William IV (Kühn, Scherf 2009; Hüneke, Rohde 2013). There is an interesting series of objects from the Miramare Castle collection depicting this garden: a painting on porcelain] and an elegant box whose faces depict several views of Sanssouci and Potsdam on porcelain]. A note in the archives of the Royal Porcelain Manufactory in Potsdam shows that this box was donated in 1856 by Frederick William IV of Prussia to the archduke. Perhaps Maximilian shared a passion for gardens with Frederick William, who was a lover of landscape parks and patron of artists, including Karl Friedrich Schinkel.

The case is made of ebonised wood embellished with silver niello inlays. Depicted on the five porcelain plates are the Sanssouci Belvedere taken from an 1855 watercolour by Carl Graeb, the Garden Parterre taken from an 1843 painting by Carl Daniel Freydanck, the New Palace by the same author in 1842, and the Potsdam Municipal Palace based on an 1849 lithograph by Whilelm Loeillot, works kept at the Archives of the Royal Porcelain Manufactory in Potsdam.

The porcelain painting, set in a beautiful, gilded frame, depicts the terrace and parterre of the Sanssouci Garden. The porcelain bears the KPM mark on the back, in use since 1825 for a long time especially for illustrated plates. The image of the porcelain plate refers to an oil sketch by Carl Daniel Freydanck (1811-1887) dated around 1843-1844. The artistic design of the terrace garden shown here was not begun until 1837. Presumably, the view documents the state of the parterre commissioned by Frederick William IV of Prussia. Porcelain paintings were usually unsigned, so it can only be assumed that the porcelain painting was also executed by Freydanck. Other objects, which also contain images of gardens on porcelain, point to the perhaps more obvious direction of the Viennese Schönbrunn residence. These are a letter-writing kit and another wooden box.

Very little is known about Charlotte's garden preferences, however in light of what has emerged from the research conducted so far and especially from the analysis of the botanical books in the castle library, we should reconsider Charlotte's role in the design of the Miramare garden and its botanical collection.

Il castello in fiore

L'attenta osservazione della collezione libraria di Massimiliano e Carlotta, che chiaramente condividevano la passione per piante e fiori e per l'*ars botanica*, ci porta a osservare alla luce di questo particolare punto di vista e con maggiore attenzione anche gli arredi del castello, che sappiamo furono scelti con tanta cura. Così scopriamo che quasi ogni arredo e ogni oggetto porta in sé immagini e forme di fiori diversi e variegati, spesso perfettamente riconoscibili nella loro specie (Lack 2022).

Del resto, dagli albori della storia le piante hanno plasmato la cultura umana che le ha coltivate, commerciate, raffigurate e classificate; le piante, a loro volta, hanno influenzato le idee di lusso e ricchezza, salute e benessere, arte e architettura nelle varie epoche. Motivi vegetali e floreali da sempre decorano architetture, sculture, pitture e si trovano in ogni tipo di arte e di oggetti di uso.

Nelle sale del castello molti armadi, cassettoni, sedie, tavoli, scrittoi, stipi presentano fiori intagliati, intarsiati in legni di colore diverso, raffiguranti vasi di fiori o composizioni floreali di ogni tipo. Fantasioso l'uso di tecniche e materiali differenti che riprendono il filo del racconto floreale nei vari ambienti, tavoli con inserti di fiori in madreperla, eleganti tavolini rotondi il cui ripiano è eseguito in finissimo mosaico, porcellana dipinta inserita a decorare cassettoni di legno, porcellane cinesi dipinte e invetriate.

Nel mobilio gli intarsi mostrano l'utilizzo di varie impiallacciature di legno di colori e venature contrastanti, creando disegni spesso complessi con fiori, fogliame, uccelli. Talvolta altri materiali sono incorporati nel design, tra cui madreperla, tartaruga e avorio. L'espansione del commercio con il Nuovo Mondo aveva diffuso anche specie esotiche di legno come l'ebano, il legno reale, il palissandro e il legno satinato.

A Miramare troviamo decorazioni intarsiate su credenze, armadi, tavoli, stipi e cassettiere. Nei disegni floreali e fogliati tendono a dominare garofani, peonie e foglie d'acanto, i motivi dei vasi di fiori. Rose, garofani, anemoni e tulipani sono distinguibili in alcuni panciuti mobili buffet, decorati con intagli a foglia d'acanto e con intarsi di legni pregiati a motivi vegetali. Questi oggetti, caratterizzati da una lavorazione di fine ebanisteria, presentano una varietà di soggetti vegetali: vasi di fiori, foglie, nastri, volute o fiori sparsi o intrecciati. Motivi simili si ritrovano sullo schienale di sedie sagomate a balaustri e sedile imbottito.

Anche se stilizzato, il *décor* del mobilio di Miramare ricorda l'intarsio floreale olandese i cui disegni avevano grande eleganza e opulenza di forme, ed erano spesso ispirati ai dipinti di nature morte fiamminghi. Nel Settecento ebanisti olandesi come Jan van Mekeren eseguivano grandi *bouquet* di splendidi fiori a intarsio. La scelta dei legni sapeva creare sapienti contrasti: un legno giallo vivo per gli asfodeli, uno quasi bianco per l'agrifoglio. Spesso il noce era usato come materiale di base, mentre i legni importati di colore contrastante venivano usati con parsimonia per aggiungere un senso di raffinatezza all'estetica generale.

Al castello questi arredi di stile europeo sono accostati a preziosi oggetti di stile orientale, che riflettono l'indiscutibile influenza dell'arte giapponese sulla moda e sul gusto dell'epoca. Troviamo infatti manufatti che ricordano le porcellane di Imari, come i grandi vasi a doppia laccatura in blu e poi in oro con figure di pini, bamboo e pruni, e opulenti arredi lignei dove figure di bamboo e boccioli di lotus adornano tavoli in legno laccato a fondo nero decorati in

The blossoming castle

Careful observation of the book collection of Maximilian and Charlotte, who clearly shared a passion for plants and flowers and for the *ars botanica*, leads us to look from this particular point of view and with greater attention even at the furnishings of the castle, which we know were chosen with great care. We therefore learn that almost every piece of furniture and every object features plant images and variegated flower forms, the species of which can often be identified perfectly (Lack 2022).

After all, from the dawn of history, plants have shaped human culture, which has cultivated, traded, depicted and classified them; plants, in turn, have influenced ideas of luxury and wealth, health and well-being, art and architecture in the various eras of history. Plant and floral motifs from the dawn of human history have decorated architecture, sculpture, paintings, and are found on all kinds of art and artifacts.

In the castle halls, many closets, chests of drawers, chairs, tables, desks, and cabinets feature carved flowers, inlaid in different coloured woods, depicting vases of flowers or floral arrangements of all kinds. Imaginative use of different techniques and materials that pick up the thread of the floral narrative in the rooms of the castle, tables with mother-of-pearl flower inserts, elegant round tables whose tops are executed with fine mosaics, painted porcelain inserted to decorate wooden coffers, painted and glazed Chinese porcelain.

The inlays in the furniture show the use of various wood veneers of contrasting colours and grains, creating often complex designs with flowers, foliage, and birds. Sometimes other materials were incorporated into the design, including mother-of-pearl, tortoiseshell, and ivory. The expansion of trade with the Americas had also introduced exotic wood species such as ebony, royal wood, rosewood, and satinwood.

At Miramare, we find inlaid decorations on sideboards, cabinets, tables, cabinets and chests of drawers. Carnations, peonies and acanthus leaves tend to dominate in the floral and foliate designs and in the motifs of flowerpots. Roses, carnations, anemones and tulips can be distinguished in some bellied pieces of buffet furniture, decorated with acanthus leaf carvings and inlays of fine woods with plant motifs. These objects, characterised by fine cabinet making, feature a variety of plant subjects: vases of flowers, leaves, ribbons, scattered or intertwined scrolls or flowers. Similar motifs are found on the back of shaped baluster back chairs with upholstered seat.

Although stylized, the *décor* of Miramare's furniture is reminiscent of Dutch floral marquetry whose designs were extremely elegant and lavish in their form and were often inspired by Flemish still life paintings. In the eighteenth century, Dutch cabinetmakers such as Jan van Mekeren executed large bouquets of beautiful floral marquetry. Through the careful choice of woods, he was able to create masterful contrasts: a bright yellow wood for the asphodels, an almost white one for the holly. Walnut was often used as the base material, while imported woods of contrasting colours were used sparingly to add a sense of sophistication to the overall aesthetic.

At the castle, these European-style furnishings are juxtaposed with fine Oriental-style objects, reflecting the indisputable influence of Japanese art on the fashion and taste of the time.

Indeed, we find artifacts reminiscent of Imari porcelain, such as the large double-lacquered

Due candelabri in cristallo opalino e bronzo dorato, prima metà XIX sec./Two candelabra in opaline crystal and gilt bronze, first half XIX c., nn. inv. NG55031, NG55032.

madreperla che ben riflettono la fascinazione dell'Oriente lontano tipica dell'Ottocento europeo (Sigur 2008). Rigogliosi fiori di loto ornano spettacolari pesciere cinesi del XVIII secolo di porcellana dipinta e invetriata. Vasi e porcellane orientali portano ricchissime e complesse decorazioni floreali di ipomee (campanelle rampicanti), peonie, rose, crisantemi e camelie.

Ricordiamo poi le decorazioni floreali in metallo dorato che ornano orologi, vasi, stipi e candelabri. Particolarmente spettacolari due vasi di cristallo opalino di un vivace colore rosa, sormontati da un *bouquet* in bronzo dorato e *pavots* a sette lumi con funzione di candelabri. I fiori del *bouquet* sono eseguiti con estremo naturalismo e raffigurano gigli e narcisi, due tipi di fiori che dovevano abbondare nelle fioriture primaverili del giardino di Miramare.

Nelle sale del castello materiali e tecniche diversi, stili, epoche e provenienze differenti sono accostati con grazia e pacificamente convivono, accomunati dalla tematica vegetale che li unisce e racconta il gusto eclettico degli arciduchi e la loro comune passione per la botanica.

Quasi ogni arredo e ogni oggetto porta in sé immagini e forme di fiori diversi e variegati, spesso perfettamente riconoscibili nella loro specie/Almost every piece of furniture and every object carries within itself images and shapes of different and variegated flowers, often perfectly recognizable in their species.

vases in blue and then gold with figures of pine, bamboo, and plum trees, and lavish wooden furnishings where figures of bamboo and lotus buds adorn black lacquered wooden tables decorated with mother-of-pearl inlays that well reflect the fascination with the Far East typical of nineteenth-century Europe (Sigur 2008). Lush lotus flowers adorn spectacular eighteenth-century Chinese fishbowls of painted and glazed porcelain. Oriental vases and porcelains bear rich and complex floral decorations of ipomeas (morning glory), peonies, roses, chrysanthemums, and camellias.

Then there are the gilded metal floral decorations that adorn clocks, vases, cabinets, and candelabra. Particularly spectacular are two vases of vivid pink opaline crystal, topped by a gilded bronze bouquet and poppies with seven lamps serving as candelabras. The flowers in the bouquet are executed with extreme naturalism and depict lilies and daffodils, two types of flowers that must have been abundant in the spring blooms of the Miramare garden.

In the rooms of the castle, different materials and techniques, styles, eras, and origins are gracefully and pleasantly mixed, united by the vegetal motif that tells of the eclectic taste of the archdukes and their common passion for botany.

THE BLOSSOMING CASTLE

Anima del giardino

Il nostro viaggio nella biblioteca di Miramare si ferma qui per ora, avendo deciso di limitarci principalmente alle sue sezioni strettamente legate al giardino e alla botanica, spaziando brevemente in altri settori per quel che concerne la storia naturale. Tuttavia, per comprendere l'essenza dell'idea di giardino che sta alla base della creazione di quello vero e proprio dobbiamo presupporre anche l'influenza di libri di filosofia, poesia e letteratura, intendendo il giardino come rifugio della spiritualità e della poesia, tangibile luogo di armonia con la natura, tanto accessorio quanto necessario.

Partendo dai quattro ritratti dei poeti universali che si trovano nella biblioteca, possiamo supporre che la concezione di giardino dei Signori di questa dimora sia stata influenzata anche da altre letture, per esempio dagli splendidi versi che Shakespeare dedica nelle sue opere ai fiori e alle piante, o forse dall'omologia delle piante descritta da Goethe nella sua *Metamoforsi delle piante,* risalendo fino all'idea primigenia del biblico giardino di Eden (*Gan Eden* o *Pardes* in ebraico, *Paradeisos* in Greco, *Hortus Deliciarum* nella *Vetus Latina*, *Paradisum Voluptatis* nella *Vulgata*), chiamato da Dante "Paradiso Terrestre", e al mitico Eden dell'epoca antica evocato da Omero.

Particolarmente amato e più vicino cronologicamente ai nostri lettori doveva essere Goethe, che nei suoi studi mostra le relazioni esistenti tra il mondo dell'arte e quello della scienza in connessione alla dimensione esistenziale. Del resto gli interessi di Goethe per la botanica avevano iniziato ad avere precisa formulazione durante il suo primo viaggio in Italia nel 1786, con la visita all'Orto Botanico di Padova, e poi a Palermo dinnanzi alla straordinaria esuberanza della flora mediterranea. Era l'inizio di un pensiero che lo porterà a sintetizzare in una complessa prospettiva culturale le riflessioni incentrate sul tema forma-metamorfosi, sullo sfondo delle intuizioni fondamentali della filosofia romantica (Arbor 1946; Goethe ed. 2009; Goethe ed. 1983). Del letterato tedesco la biblioteca del castello ospita sia singole pubblicazioni che raccolte di opere. Le opere di Johann Wolfgang Goethe sono raggruppate in *Poetische und prosaische Werke* (1848), *Ausgewählte Werke* (1866), *Gedichte* (1845), cui vanno aggiunti alcuni libri individuali, come *Egmont* (1843), *Iphigenie auf Tauris* (1846), *Hermann und Dorothea* (1843).

Nella collezione libraria esiste una rara pubblicazione scritta in caratteri dorati, che presenta i fiori associati alla poesia in un florilegio di citazioni shakespeariane, ciascuna dedicata a un fiore, associata a un'elegante raffigurazione del fiore stesso e dei versi. Tra i testi citati appaiono passi tratti da *Sogno di una notte di mezza estate*, *Venere e Adone*, *Enrico IV*, *Amleto*, *Come vi piace* ed altri (Jerrard, *Flowers from Stratford Avon* [1852-1854]; cat. 14). Così troviamo la viola del pensiero associata a Ofelia – "Viole, ecco del rosmarino; è per la memoria. Non ti scordare amore; e qui le viole per i tuoi pensieri" (*Amleto*, atto IV, scena V). Associate a Ofelia anche "quelle lunghe orchidee purpuree", l'*arum* selvatico che Ofelia intrecciava in fantastiche ghirlande insieme a ranuncoli e margherite (*Amleto*, atto IV, scena VII). Mentre garofani e narcisi sono citati dal *Racconto d'inverno* e il giglio bianco da *Re Giovanni*.

Fin dai tempi più remoti, la natura ha parlato ai filosofi, ai poeti, agli artisti, all'umanità intera attraverso i giardini della storia, per il tramite dell'opera di giardinieri, ideatori e architetti. Opera che affonda nelle radici della nostra più intima essenza, che può farci intuire l'architettura del mondo di cui anche noi siamo parte, e il legame che unisce ogni creatura vivente nell'universo. In questo ambito di visione si può supporre che sia stato fondamentale l'apporto delle ricerche

Soul of the garden

Our journey through the Miramare library ends here for now, having decided to limit ourselves to those sections strictly related to the garden, botany, and natural history. However, to understand the essence of the concept of garden behind the creation of the actual garden, we also need to consider the influence of books of philosophy, poetry and literature, understanding the garden as a spiritual and poetic refuge, a tangible place of harmony with nature, as incidental as it is necessary.
Starting from the four portraits of the universal poets found in the library, we can surmise that the garden concept of the lords of this residence was also influenced by other readings, for example, by the splendid verses Shakespeare devotes in his works to flowers and plants, or perhaps by the homology of plants described by Goethe in his *Metamorphosis of Plants*, going all the way back to the primal idea of the biblical Garden of Eden (*Gan Eden* or *Pardes* in Hebrew, *Paradeisos* in Greek, *Hortus Deliciarum* in the Vetus Latina, *Paradisum Voluptatis* in the Vulgate), called by Dante the "Earthly Paradise", and to the mythical *Eden* of ancient times evoked by Homer.
Goethe must have been particularly beloved and closest chronologically to our readers. In his studies he showed the relations existing between the worlds of art and science in connection with the existential dimension. After all, Goethe's interests in botany had begun to take on a precise formulation during his first trip to Italy in 1786, with a visit to the Botanical Garden of Padua, and then to Palermo in the face of the extraordinary exuberance of Mediterranean flora. It was the beginning of a thought that would lead him to synthesize in a complex cultural perspective his reflections centred on the form-metamorphosis theme, set against the background of the fundamental insights of Romantic philosophy (Arbor 1946; Goethe ed. 2009; Goethe ed. 1983). Of the German scholar, the castle library features both individual publications (*Egmont*, 1843; *Iphigenie auf Tauris*, 1846; *Hermann und Dorothea*, 1843) and collections of works (*Poetische und prosaische Werke*, 1848; *Ausgewählte Werke*, 1866; *Gedichte*, 1845). *Johann Wolfgang Goethe's works in the library are grouped into Poetische und prosaische Werke (1848); Ausgewählte Werke (1866); Gedichte (1845); to which a few individual books should be added, such as Egmont (1843), Iphigenie auf Tauris (1846); Hermann und Dorothea (1843).*
In the book collection there is a rare publication written in gold lettering, which presents the flowers associated with the poem in a *florilegium* of Shakespearean quotations, each dedicated to a flower, associated with an elegant depiction of the flower itself and the verses. Among the quoted texts appear passages from *A Midsummer Night's Dream*, *Venus and Adonis*, *Henry IV*, *Hamlet*, As You Like It and others (Jerrard, *Flowers from Stratford Avon* [1852-1854]; cat. 14). Thus, we find the pansies associated with Ophelia – "There's rosemary, that's for remembrance; pray, love, remember: and there is pansies. That's for thoughts" (*Hamlet*, act IV, scene V). Also associated with Ophelia were the "long purples", the wild arum that Ophelia wove into fantastic garlands along with buttercups, and daisies (*Hamlet*, act IV, scene VII). Carnations and daffodils, instead, are mentioned in *The Winter's Tale* and the white lily from *King John*.
From the earliest times, nature has spoken to philosophers, poets, artists, and all humankind through the gardens of history, through the work of gardeners, designers, and architects. This work delves deep to the roots of our innermost essence, which can give us insight into

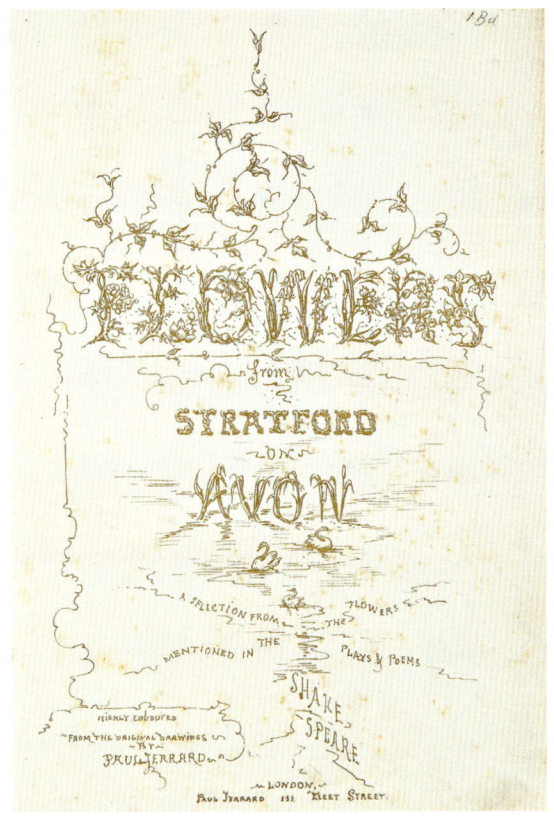

Frontespizio realizzato con inchiostro dorato/Title page in golden ink, in Paul Jerrard, *Flowers from Stratford Avon: a selection from the flowers mentioned in the plays and poems of Shakespeare*, London 1852–1854.

Viole del pensiero/Pansies, in Paul Jerrard, *Flowers from Stratford Avon: a selection from the flowers mentioned in the plays and poems of Shakespeare*, London 1852–1854.

Garofani/Carnations, in Paul Jerrard, *Flowers from Stratford Avon: a selection from the flowers mentioned in the plays and poems of Shakespeare*, London 1852–1854.

a destra/right
Narcisi/Daffodils, in Paul Jerrard, *Flowers from Stratford Avon: a selection from the flowers mentioned in the plays and poems of Shakespeare*, London 1852–1854.

e delle pubblicazioni di Alexander von Humboldt, a partire dal *Kosmos* che tanto influenzò la scienza del suo tempo e la sua diffusione, e a cui dobbiamo un concetto di natura vicinissimo a quello a noi contemporaneo, e un'idea moderna e attualissima di ambientalismo (Wulf 2015). Massimiliano possedeva un atlante del *Kosmos*, le *Memorie*, e *Ansichten der Natur, mit wissenschaftlichen Erläuterungen* (Humboldt, *Kosmos*, 1845-1858; Bromme, *Atlas zu Humboldt's Kosmos*, 1861; Humboldt, *Memoiren*, 1861; Humboldt, *Ansichten der Natur,* 1849). Sicuramente l'arciduca lesse anche i resoconti dei viaggi scientifici di Charles Darwin (Darwin, *Naturwissenschaftliche Reise*, 1844).

Il giardino di carta di Miramare, *hortus conclusus* all'interno della biblioteca, riflette il percorso di conoscenza su cui si fonda il giardino esterno, dove le piante reali e le raccolte botaniche compongono sentieri e prospettive, aiuole disegnate, colori e profumi. Reminiscenza ricreata del Paradiso terrestre, natura addomesticata in uno spazio chiuso e segreto ma integrato al paesaggio esterno, il giardino rappresenta lo scenario perfetto per l'espressione dell'essenza più intima del committente, dei suoi valori, del contesto scientifico e culturale che l'ha originato. Luogo di piacere, profumi e visioni costantemente rinnovati, il giardino è un microcosmo, un luogo del sapere nel quale si acclimatano piante, si osservano alberi e fiori, si sviluppano la scienza e la conoscenza del mondo vegetale.

L'*ars botanica* introduce il lettore alla contemplazione filosofica dell'anima vegetale di un giardino e della sua dote poetica, invita a considerare nobile lo *status* degli alberi, a conoscere lo sviluppo di una scienza aggiornata da viaggi di esplorazione. Le immagini rivelano teorie estetiche che ruotano attorno al sapere del mondo vegetale e a una nozione di bellezza osservata in natura.

Il *Genius loci* di Miramare, la sua anima botanica, disvelati nei libri e negli oggetti, ci rivelano la complessa concezione del giardino. Giardino e anima si appartengono, creando uno spazio unico tra cultura, arte e natura.

the architecture of the world of which we too are a part, and the bond that unites every living creature in the universe.

The contribution of Alexander von Humboldt's research and publications, starting with the *Kosmos* that greatly influenced the science of his time and its dissemination, and to whom we owe a concept of nature very close to our own and a very modern and topical idea of environmentalism (Wulf 2015) can be assumed to have been fundamental in this vision. Maximilian had an atlas of the *Kosmos*, the *Memoirs*, and *Ansicht der Natur, mit wissenschaftlichen Erläuterungen* (Humboldt, *Kosmos*, 1845-1858; Bromme, *Atlas zu Humboldt's Kosmos*, 1861; Humboldt, *Memoiren*, 1861; Humboldt, *Ansichten der Natur*, 1849). Surely the archduke also read the accounts of Charles Darwin's scientific travels (Darwin, *Naturwissenschaftliche Reise*, 1844).

Miramare's paper garden, *hortus conclusus* inside the library, reflects the path of knowledge on which the outdoor garden is based, where real plants and botanical collections compose paths and perspectives, designed flowerbeds, colours and scents. A recreated reminiscence of the Earthly Paradise, nature tamed in an enclosed and secret space but integrated with the outdoor landscape, the garden is the perfect setting to express the client's innermost essence, his values, and the scientific and cultural context that gave rise to it.

A place of always new pleasures, scents and visions, the garden is a microcosm, a place of knowledge in which plants are acclimatised, trees and flowers are observed, and science and knowledge of the plant world are developed.

Ars botanica introduces readers to the philosophical contemplation of the vegetal soul of a garden and its poetic legacy and invites readers to consider the status of trees as noble and to learn about the development of a science updated by exploration. The images reveal aesthetic theories revolving around knowledge of the plant world and a notion of beauty observed in nature.

The *Genius loci* of Miramare, its botanical soul, unveiled in books and objects, reveals the complex conception of the garden. The garden and soul belong together, creating a unique space between culture, art and nature.

Il parterre del Parco di Miramare/The parterre of the Miramare ParkGarden, 2021.

a destra/right
Castello e parterre di Miramare/Castle and parterre of Miramare, in Guglielmo Sebastianutti, *Album Miramar*, Leipzig 1873.

Veduta aerea del Castello e del Parco di Miramare/Aerial view of the Castle and the Garden of Miramare, 2021.

SCHLOSS UND BLUMENPARTERRE

SOUL OF THE GARDEN

Selezione bibliografica
Selected bibliography

Arber 1946
Arber, Agnes, *Goethe's Botany. The Metamorphosis of Plants and Tobler's Hode to Nature*, Waltham 1946.

Barbon 2007
Barbon, Caterina, *L'Erbario di Udine: Biblioteca civica Vincenzo Joppi, ms. 1161*, Tricesimo 2007

Bogaert-Damin 2007
Bogaert-Damin, Anne-Marie, *Voyage au coeur des fleurs. Modèles botaniques et flores d'Europe au XIXe siècle*, Namur 2007.

Botanica de' Fiori 2018
La Botanica de' Fiori dedicata al Bel Sesso, per l'anno 1828, a cura di/ed. by Verrazzo, Simona, Firenze 2018.

Campitelli 2019
Campitelli, Alberta, *Ville e giardini d'Italia tra natura e artificio*, Milano 2019.

Cocco 2016
Cocco, Enzo, *Lo spazio del pensiero. I "plans raisonnés" di Gabriel Thouin/The space of the thought. The "plans raisonnés" of Gabriel Thouin*, in Bollettino dell'Associazione Italiana di Cartografia, 156, 2016, pp. 33-45. ISSN 2282-472X (online) DOI: 10.13137/2282-472X/.

Contessa 2022
Contessa, Andreina, *The Garden of Miramare: Nature, Artifice and Vision*, Wilanow studies 2022 (c.d.s./being printed).

De Bourgoing 2011
De Bourgoing, Catherine, *Gabriel Thouin. Toutes espèces de jardins*, in Jardins *romantiques français. Du jardin des Lumières au parc romantique 1770-1840* (Paris, Musée de la vie romantique, 8 marzo/March-17 luglio/July 2011), a cura di/ed. by De Bourgoing, Catherine, Paris 2011, pp. 182-187.

Dizionario di Botanica 1984
Dizionario di Botanica, Milano 1984.

Faber - Gröning 2008
Faber, Monika – Gröning, Maren, *Urban Panoramas. Photographs of the Imperial and Government Printing Establishment 1859-1860, Contribution to a History of Photography in Austria*, vol. I, Vienna 2008.

Ferrari 2001
Ferrari, Giovanni Battista, *Flora overo cultura di fiori*, a cura di/ed. by Tongiorgi Tomasi, Lucia, in *Giardini e paesaggio*, vol. 2, Firenze 2001 (Ferrari, Giovanni Battista, *Flora overo cultura di fiori*, Roma 1638).

Gallo - Vercelloni 2009
Gallo, Paola - Vercelloni, Matteo, Vercelloni, Virgilio, *L'invenzione del giardino occidentale*, Milano 2009.

Garbari 2000
Garbari, Fabio, *La pianta e l'immagine: raffigurare per identificare*, in *Natura-Cultura*, pp. 153-162.

Gherardo Cibo 2013
Gherardo Cibo: dilettante di botanica e pittore di 'paesi'. Arte, scienza e illustrazione botanica nel XVI secolo, a cura di/ed. by Mangani, Giorgio – Tongiorgi Tomasi, Lucia, Ancona 2013.

Giardini storici 2021
Giardini storici, verità e finzione. Letture critiche dei modelli storici nel paesaggio dei secoli XX e XXI, a cura di/ed. by Mosser, Monique – Rojo, José Tito – Zanon, Simonetta, Treviso 2021.

Goethe ed. 1983
Goethe, Johann Wolfgang von, *La metamorfosi delle piante*, a cura di/ed. by Zecchi Stefano, Milano 1983 (Goethe, Johann Wolfgang von, *Versuch die Metamorphose der Pflanzen zu erklären*, Gotha 1790).

Goethe ed. 2009
Goethe, Johann Wolfgang von, *The Metamorphosis of Plants*, con Introduzione e Fotografia di/with Introduction and Photography by Miller, Gabriel L., London 2009 (Goethe, Johann Wolfgang von, *Versuch die Metamorphose der Pflanzen zu erklären*, Gotha 1790.)

Heath - Milam 2022
Heath, Ekaterina– Milam, Jennifer, *The Representation of Plants*, in A Cultural History of Plants in the Seventeenth and Eighteenth Century, a cura di/ed. by Milam, Jennifer, *A Cultural History of Plants*, vol. 4, 2022, pp. 169-194.

Hüneke - Rohde 2013
Hüneke, Saskia – Rohde, Michael, *Park Sanssouci*, Berlin 2013.

Il Museo storico del Castello 2005
Il Museo storico del Castello di Miramare. I cataloghi scientifici dei Musei del Friuli Venezia Giulia, a cura di/ed. by Fabiani, Rossella, Vicenza 2005.

Immagini anatomiche e naturalistiche 1984
Immagini anatomiche e naturalistiche nei disegni degli Uffizi secc. XVI e XVII, a cura di/ed. by Ciardi, Roberto Paolo – Tongiorgi Tomasi, Lucia (Gabinetto disegni e stampe degli Uffizi. Cataloghi), vol. 60, Firenze 1984.

Impelluso 2005
Impelluso, Lucia, *Giardini, orti e labirinti*, Milano 2005.

Jeanson - Fauve 2019
Jeanson, Marc – Fauve, Charlotte, *Il botanista. Il racconto di uno scienziato sognatore, custode della ricchezza vegetale della terra*, Milano 2019.

Karg 2007
Karg, Detlef, *Peter Joseph Lenné. A catalogue of his works for the Land Brandeburg*, in Prussian Gardens in Europe. 300 Years of Garden History. Acts of the international conference of the Prussian Palaces and Gardens Foundation Berlin-Brandenburg (4-6 ottobre/October 2007), a cura di/ed. by Rode, Michael, Leipzig 2007, pp. 326-331.

Kowohl 1981
Kowohl, Carla Sabine, *Pückler-Muskau. Letterato e dandy nella Germania dell'Ottocento*, Roma 1981.

Kühn - Scherf 2009
Kühn, Elvira – Scherf, Michael, *Castello di Sanssouci*, Berlin 2009.

Lack 2022
Lack, Walter, *The Representation of Plants*, in A Cultural History of Plants in the Nineteenth Century, a cura di/ed. by Mabberley, David, *A Cultural History of Plants*, vol. 5, London 2022, pp. 171-195.

Lamy 2015
Lamy, Gabriela, *Le jardin du Roi à Trianon de 1688 à nos jours : de la mémoire à l'héritage*, in Bulletin du Centre de recherche du château de Versailles, 2015.

L'arte di Massimiliano d'Asburgo 2013
L'arte di Massimiliano d'Asburgo. Dipinti, sculture e arredi nel Castello di Miramare, cura di/edd. by Fabiani, Rossella - Caburlotto, Luca, Milano 2013.

Le rose dell'Imperatrice 1982
Le rose dell'Imperatrice: Joséphine Bonaparte e Pierre-Joseph Redouté, Milano 1982.

Lui 2008
Lui, Francesca, *Pomona 'picta' e 'descripta': Un itinerario nell'iconografia pomologica tra il XVI e il XX secolo attraverso le tecniche*, in Miti, arte e scienza nella Pomologia italiana, a cura di/ed. by Baldini, Enrico, Roma 2008, pp. 35-62.

Massimiliano da Trieste al Messico 1986
Massimiliano da Trieste al Messico, catalogo della mostra/exhibition catalog (Trieste, Museo Storico del Castello di Miramare, 1 luglio/July – 5 novembre/November 1986), a cura di/ed. by Ruaro Loseri, Laura, Trieste 1986.

Menato 2011
Menato, Marco, *Le biblioteche del Museo Archeologico Nazionale di Aquileia e del Museo di Miramare: Appunti di Bibliografia*, in *"Books seem to me to be pestilent things". Studi in onore di Piero Innocenti per i suoi 65 anni*, a cura di/ed. by Cavallaro, Cristina, Manziana, 2011, pp. 696-70.

Milano 1994
Milano, Ernesto, *In foliis folia*, vol. I, *Erbari nelle carte estensi*, Modena 1994.

Natura-Cultura 2000
Natura-Cultura. L'interpretazione del mondo fisico nei testi e nelle immagini, atti del Convegno internazionale di studi/proceedings of the International Conference of Studies (Mantova, 5-8 ottobre/October 1996), a cura di/ed. by Olmi, Giuseppe – Tongiorgi Tomasi, Lucia – Zanca, Attilio (Miscellanea dell'Accademia Nazionale Virgiliana di Scienze Lettere e Arti), vol. 8, 2000.

Pace 2008
Pace, Sergio, *Del metodo eclettico. Le vicissitudini di un'idea di modernità in architettura, tra Settecento e Ottocento*, in *Arte e cultura fra classicismo e lumi. omaggio a winckelmann*, a cura di/ed. by Balestreri, Isabella Carla Rachele – Facchin, Laura, Milano 2008, pp. 109-125.

Peraldo 2008
Peraldo, Daniela, *Il Regno vegetale nei libri del XIX secolo, della Biblioteca del Museo Civico di Storia Naturale di Trieste*, Trieste 2008.

Percivaldi - Accorsi - Brillante 2018
Percivaldi, Elena – Accorsi, Andrea – Brillante, Giuseppe, *L'arte botanica nei secoli. Dagli erbari rinascimentali al XIX secolo*, Novara 2018.

Pietrogrande - Pizzamiglio 2009
Pietrogrande, Antonella – Pizzamiglio, Gilberto, *Operette di varj autori intorno ai giardini inglesi ossia moderni. Con l'aggiunta del discorso accademico sul giardino di Vincenzo Malacarne*, Trieste 2009.

Pizzorusso 2018
Pizzorusso, Claudio, *I fiori di Innsbruck: Lorenzo Lippi e Pietro Andrea Mattioli*, in *Rivista di Letterature moderne e comparate*, vol. LXXI, 4 ottobre-dicembre/October-December 2018, pp. 331-348.

Redouté 2008
Redouté, Pierre-Joseph, *Fiori*, prefazione a cura di/preface ed. by Ducreux, Monique Milano 2008.

Sallent Del Colombo 2016
Sallent Del Colombo, Emma, *Natural History Illustration between Bologna and Valencia: The Aldrovandi-Pomar Case*, in *Early Science and Medicine*, 21, 2016, pp. 182-213.

Samson 2011
Samson, Alexander, *Introduction "Locus amoenus": gardens and horticulture in the Renaissance*, in *Renaissance Studies*, vol. 25, 1, Gardens And Horticulture In Early Modern Europe (febbraio/February 2011), pp. 1-23.

Serafini 2004
Serafini, Cristiana – Tavassi La Greca, Bianca (relatrice/relator), *Arte, scienza e diletto nella Roma di Urbano VIII: il trattato De Florum Cultura di Giovanni Battista Ferrari S.I. (1583-1655). Una fonte per il giardino italiano*, tesi di laurea/thesis, Università degli Studi di Roma "La Sapienza", a.a./a.y. 2003/2004.

Serendipity 2012
Serendipity in un parco di libri. Il sogno di un giardino inglese per una villa triestina, Catalogo della mostra (Trieste, Civico Museo Sartorio, 30 giugno/June – 9 settembre/September 2012), a cura di/ed. by Morgan, Claudia, Trieste 2012.

Sigur 2008
Sigur, Hannah, *The Influence of Japanese Art on Design*, Layton (Utah) 2008.

Tongiorgi Tomasi 2000
Tongiorgi Tomasi, Lucia, *L'illustrazione naturalistica: tecnica e invenzione*, in *Natura-Cultura*, 2000, pp. 133-151.

Tongiorgi Tomasi - Tosi 1990
Tongiorgi Tomasi, Lucia – Tosi, Alessandro, *Flora et Pomona: l'orticoltura nei disegni e nelle incisioni dei secoli XVI-XIX*, Firenze 1990.

Tongiorgi Tomasi - Zangheri 2018
Tongiorgi Tomasi, Lucia – Zangheri, Luigi, *Introduzione*, in *Botanica de' fiori*, 2018.

Tosi 2000
Tosi, Alessandro, *Nuove frontiere delle arti e della scienza: l'illustrazione naturalistica nel XIX secolo*, in *Natura-Cultura*, 2000, pp. 345-362.

Vigroux 2019
Vigroux, Perrine, *La fabrique du jardin scientifique ou la contribution des femmes à la botanique*, in *La fabrique du jardin à la Renaissance*, a cura di/ed. by Gaugain, Lucien –Liévaux, Pascal –Salamagne, Alain, Tour 2019, pp. 301-360.

Visconti 2013
Visconti, Agnese, *Il trasferimento delle piante nella Lombardia austriaca negli ultimi decenni della dominazione asburgica*, in *Altre modernità*, Politecnico di Milano, 10 – 11, 2013, pp. 39-51. DOI: 10.13130/2035-7680/3306.

Watkin 2008
Watkin, David, *The Influence of English Royal Gardens on the Continent in the 18th Century*, in *Landschaftsgärten des 18. und 19. Jahrhunderts. Beispiele deutsch-britischen Kulturtransfers*, a cura di/ed. by Bosbach, Franz – Gröning, Gert, München 2008, pp. 33-48.

Wulf 2015
Wulf, Andrea, *L'invenzione della natura. Le avventure di Alexander Von Humboldt, l'eroe perduto della scienza*, Roma 2015.

Zalum Cardon 2008
Zalum Cardon, Margherita, *Passione e cultura dei fiori tra Firenze e Roma nel XVI e XVII secolo. Giardini e paesaggio*, vol. 22, Firenze 2008.

Zucchi 2003
Zucchi, Luca V., *Brunfels e Fuchs: l'illustrazione botanica quale ritratto della singola pianta o immagine della specie*, in *NUNCIUS: Annali di Storia della Scienza*, a./y. XVIII, 2003, fasc. 2, pp. 411-465.

Breve catalogo ragionato
Short catalogue raisonné

Schede di/Entries by
Daniela Crasso

1. Annales de Flore et Pomone, ou Journal des jardins et des champs, Paris 1833-1847.

[15 vv./vols; 240 × 158 ca × 32 mm; n. inv. 3406; Sezione Giardinaggio/Gardening Section]

L'opera è una rivista pubblicata a Parigi a cura dell'editore Rousselon, a partire dagli anni 1832-1833 fino al 1848. La raccolta di Miramare comprende i numeri usciti fino al 1847 e consta di 15 volumi, ciascuno corrispondente a un biennio, tranne l'ultimo relativo al solo anno 1847. Gli articoli sono redatti da più autori, francesi e non, tra cui compare anche Alois Pokorny, citati nel frontespizio dell'opera. Vengono esaminati diversi temi di botanica e orticoltura. Ogni testo presenta 48 cromolitografie, eccetto l'ultimo che ne possiede solo 36, con soggetti floreali ed esemplari di frutta. In conclusione, è sempre consultabile la lista delle illustrazioni e un indice alfabetico per soggetto.

This work is a journal published in Paris by the publisher Rousselon, from 1832-1833 until 1848. The Miramare collection includes the issues up to 1847, totalling 15 volumes, each corresponding to a two-year period, except the last which was for the year 1847 alone. The articles are written by various authors, both French and from elsewhere, including Alois Pokorny, noted on the title page of the work. Various botanical and horticultural opics are explored. Each text features 48 chromolithographs, except the last, which features only 36, with floral subjects and examples of fruits. Finally, there is a list of illustrations and an alphabetic index by subject for consultation.

JASMIN *ondulé*
Jasminum *undulatum*.

2. Antoine, Franz

Die Cupressineen-Gattungen: Arceuthos, Juniperus und Sabina, Wien 1857.

[6 vv./vols; 1: 420 × 310 × 5 mm; 2: 380 × 312 × 6 mm; 3: 400 × 312 × 14 mm; 4: 398 × 315 × 18 mm; 5: 404 × 314 × 13 mm; 6: 399 × 310 × 15 mm; n. inv. 2120; Sezione Botanica/Botany Section]

Franz de Paula Antoine (1815-1886) fu un botanico viennese. Divenne giardiniere di corte alla Hofburg di Vienna e, di seguito, direttore dei giardini. Collaborò con Massimiliano a Vienna e in seguito divenne Cavaliere dell'Ordine della Guadalupa per volontà dello stesso Massimiliano, già imperatore del Messico. Fu anche fotografo, ritraendo prevalentemente piante, nature morte, vedute di Vienna.

L'opera consta di 6 volumi, ulteriormente suddivisi in 14 quaderni (definiti *Heft*), con trattazioni sistematiche sulla famiglia dei cipressi, corredate da tavole con fotografie degli esemplari o di loro dettagli, scattate dall'autore stesso, con legenda relativa al soggetto e al luogo dell'immagine.

Franz de Paula Antoine (1815-1886) was a Viennese botanist. He became court gardener at the Hofburg palace in Vienna and then director of the gardens. He worked with Maximilian in Vienna and later became a Knight of the Order of Guadalupe on the decision of Maximilian himself, at that time Emperor of Mexico. He was also a photographer, largely capturing images of plants, still-lifes and views of Vienna.

The work has 6 volumes, further divided in 14 booklets (referred to as *Heft*), with systematic description of the family of cypresses, accompanied by plates with photographs of examples and their detail, taken by the author himself, along with a legend relating to the subject and the location of the picture.

3. Audouit, Edmond

L'herbier des demoiselles, ou traité complet de la botanique, Paris 1847.

[1 v.; 216 × 143 × 280 mm; n. inv. 2113; Sezione Botanica/Botany Section]

Edmond Audouit fu medico della Marina e botanico francese.

L'elegante coperta presenta una cornice con motivi floreali dorati, con al centro lo stemma belga e il motto *L'union fait la force*. L'opera è dedicata alla principessa di Joinville, figlia dell'imperatore del Brasile Pedro I e sposa del principe di Joinville, che era zio di Carlotta.
Il trattato è diviso in tre parti: la prima concerne la botanica, con l'analisi di fiori e di frutti, dell'uso dei fiori, della loro morfologia, il nutrimento e le classificazioni; la seconda elenca le famiglie di piante in ordine alfabetico e la terza si occupa di erborizzazione e di erbari. Il volume include illustrazioni a colori, di piante, fiori e loro componenti.

Edmond Audouit was a French Navy doctor and botanist.

The elegant cover features a frame with gilded floral decoration, bearing the Belgian coat of arms at the centre and the motto *L'union fait la force*. The work is dedicated to the Princess of Joinville, daughter of the Emperor of Brazil Pedro I and the wife of the Prince of Joinville, who was the uncle of Charlotte.
The treatise is divided into three parts: the first deals with botany, with analysis of flowers and fruits, the usage of flowers, their morphology, nutrition and classification. The second lists the families of plants in alphabetical order and the third deals with botanical collection and herbariums. The volume includes colour illustrations of plants, flowers and their components.

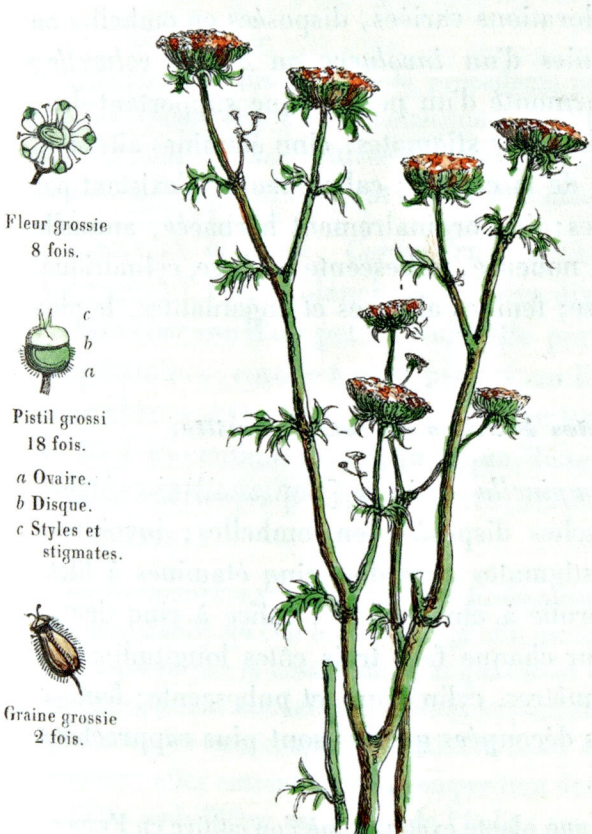

4. Balfour, John Hutton

A manual of botany: being an introduction to the study of the structure, physiology and classification of plants, London-Glasgow 1855.

[1 v.; 193 × 136 × 59 mm; n. inv. 2114; Sezione Botanica/Botany Section]

John Hutton Balfour (1808-1884) fu un botanico scozzese, che dopo la laurea in Medicina, si dedicò alla botanica, divenendone docente alle Università di Glasgow e di Edimburgo e fondando la Edinburgh Botanical Society. Sotto la sua direzione, il giardino botanico reale si ampliò e si arricchì di nuove sezioni.

La prima edizione dell'opera risale al 1848. Quella di Miramare è una riedizione del 1855. Si tratta di uno studio enciclopedico sulla botanica, con illustrazioni in bianco e nero. È suddiviso in 4 parti: la prima si occupa dell'anatomia vegetale; la seconda include una trattazione sulla botanica sistematica e sulla tassonomia; la terza sulla botanica geografica e sulla distribuzione delle piante sul globo terrestre, citando le classificazioni dei botanici J. F. Schow, F. Meyen e H. C. Watson; nella quarta si sviluppa la botanica fossile. Nell'appendice si illustrano temi vari, tra cui l'uso del microscopio in botanica; il sistema di collezionare le piante; la creazione di erbari con riferimento a modalità e ambienti necessari; i consigli per le escursioni botaniche.

John Hutton Balfour (1808-1884) was a Scottish botanist who, after graduating in Medicine, dedicated himself to botany, becoming a lecturer in botany at the Universities of Glasgow and Edinburgh, and founding the Edinburgh Botanical Society. Under his direction, the Royal Botanical Garden were expanded and enhanced with new sections.

The first edition of the work dates back to 1848. The Miramare copy is a re-edition from 1855. The work is an encyclopaedic study of botany, with black-and-white illustrations. It is divided into four parts: the first covers plant anatomy, the second presents systematic botany and taxonomy, the third geographical botany and distribution of plants around the world, citing the classifications of botanists J. F. Schow, F. Meyen and H. C. Watson, while the fourth explores paleobotany. The appendices illustrate various topics, including the use of microscope in botany, the system for collecting plants, the creation of herbariums with reference to methods and environments, and the hints of botanical expeditions.

5. Bernard, Pierre ~ Couailhac, Louis ~ Gervais, Paul ~ Le Maout, Emmanuel

Le Jardin des Plantes, description complète, historique et pittoresque du Museum d'histoire naturelle, de la ménagerie, des serres, des galeries de minéralogie et d'anatomie et de la vallée suisse, Paris 1842.

[1 v.; 268 × 182 × 57 mm; n. inv. 2068; Sezione Opere che trattano tutte o molte scienze naturali/Section Works dealing with all or many natural sciences]

Opera a più mani edita da Léon Curmer (1801-1870), libraio ed editore parigino, e a cura di Pierre Bernard, naturalista e botanico, Emmanuel Le Maout (1799-1877), botanico e medico, Paul Gervais (1816-1879), zoologo e paleontologo, Jean-Joseph-Louis Couailhac (1810-1885), giornalista e scrittore, tutti autori francesi.

Il libro, di proprietà di Carlotta per il monogramma stampato sulla coperta, è la guida ottocentesca del *Jardin des Plantes*, l'orto botanico di Parigi. Prima del frontespizio, due litografie in bianco e nero del ritratto di G. Cuvier, biologo e naturalista francese, e di un vaso in una nicchia, ornata da decorazioni vegetali e in alto da due tondi con i nomi degli studiosi R. J. Hauy e A. Thouin. Dopo il frontespizio, compare la dedica in francese dell'editore ai "Signori autori, disegnatori, incisori e artisti", cui fa seguito la lista delle illustrazioni. Inizia quindi l'introduzione storica sull'orto botanico con i ritratti di A.-L. de Jussieu e di J.-B. de Lamarck, completa di una pianta topografica. Il volume si articola in 6 parti. La prima è una descrizione dei giardini e delle strutture che vi sorgono, tra cui il Caffè, l'anfiteatro, le capanne destinate ad alcuni animali, spesso con illustrazioni in bianco e nero. La seconda è una presentazione di altri spazi del sito, tra cui la cosiddetta valle svizzera, lo zoo, le aree in cui vivono altri animali. La terza, scritta da Le Maout, riguarda la scuola di botanica, la zona dei cosiddetti *carrés* e le serre, e si conclude con una trattazione sulla storia botanica del complesso. La quarta parte concerne il Gabinetto di anatomia comparata, con una sezione sull'antropologia, mentre nella quinta viene esaminata la Galleria di mineralogia e geologia. La sesta parte è una presentazione della Galleria di zoologia, con una serie di litografie in bianco e nero degli animali, ma soprattutto delle cromolitografie con composizioni di rami di fiori e piante con uccelli e farfalle. In un'ultima sezione si presenta la classificazione generale dei tre regni, cui segue l'indice generale.

A work with many contributors, edited by Léon Curmer (1801-1870), a Parisian bookseller and publisher, and written by Pierre Bernard, naturalist and botanist, Emmanuel Le Maout (1799-1877), botanist and doctor, Paul Gervais (1816-1879), zoologist and palaeontologist, and Jean-Joseph-Louis Couailhac (1810-1885), journalist and writer, all French authors.

The book, owned by Charlotte, as seen from the monogram printed on the cover, is the nineteenth-century guide to the *Jardin des Plantes*, the Botanical Gardens of Paris. Before the title page, there are two black-and-white lithographs portraying G. Cuvier, a French biologist and naturalist, and a vase in a niche, with ornate plant-inspired decorations and two round panels with the names of academics R. J. Hauy and A. Thouin. After the title page there is a French dedication from the publisher to his "Fellow authors, illustrators, engravers and artists", followed by a list of the illustrations. Here, the historical introduction on the Botanical Gardens begins with portraits of A.-L. de Jussieu and J.-B. de Lamarck, complete with a topographical map. The volume is divided into 6 parts. The first offers a description of the gardens and structures within, including the Caffè, amphitheatre, and sheds for animals, often accompanied by black-and-white illustrations. The second is a presentation of other spaces on the site, including the "Swiss Valley", the zoo, and areas which house other animals. The third, written by Le Maout, covers the school of botany, the area of the so-called *carrés* and the greenhouses, and concludes discussing the botanical history of the complex. The fourth part presents the Cabinet of Comparative Anatomy, with a section on anthropology, while the fifth examines the Gallery of Mineralogy and Geology. The sixth part is a presentation of the Zoological Gallery, with a series of black-and-white lithographs of animals, but first and foremost chromolithographs with compositions of flowering branches and plants with birds and butterflies. The final section presents a general classification of the three kingdoms, followed by the general index.

6. Ceni, Antonio

Guida all'I.R. orto botanico in Padova, Padova 1854.

[1 v.; 235 × 152 × 10 mm; n. inv. 2119; Sezione Botanica/Botany Section]

Antonio Ceni fu assistente alla cattedra di Botanica all'Università di Padova.

La pregiata copertina del volume è in tessuto bianco con decorazione floreale dorata. L'opera si apre con una dedica a Roberto De Visiani, professore di Botanica e Prefetto dell'Imperial Regio Orto Botanico dell'Università di Padova, datata Padova 6 giugno 1854. I capitoli, corredati da litografie in bianco e nero, si occupano della storia dell'orto botanico e dei suoi prefetti; dell'elenco degli assistenti alla cattedra di Botanica e dei giardinieri; della descrizione dell'orto, con le sue strutture, tra cui le serre.

Antonio Ceni was was assistant to the Professor of Botany at the University of Padua.

The fine cover of the volume is in white fabric with gilded floral decoration. The work opens with a dedication to Roberto De Visiani, professor of Botany and Prefect of the Royal Imperial Botanical Gardens of the University of Padua, dated Padua June 6, 1854. The sections, accompanied by black-and-white lithographs, explore the history of the Botanical Gardens and their prefects, a list of assistants to the Professor of Botany and gardeners, and description of the garden with its structures, including greenhouses.

Veduta Panoramica dell'Orto Botanico in Padova

7. Clerc, Louis (fils)

Manuel élémentaire de botanique, d'anatomie et de physiologie végétale, Paris 1835.

[1 v.; 295 × 225 × 15 mm; n. inv. 2109; Sezione Botanica/Botany Section]

Dopo un sommario iniziale, l'opera è suddivisa in 17 parti, definite studi (*Étude*), accompagnate da tabelle esplicative cromolitografiche. Viene analizzata la morfologia delle piante, con una trattazione sistematica sui vari organi, sulla loro riproduzione, sulle malattie e sulla loro morte, sulle molteplici tipologie di classificazioni. In conclusione, dopo un glossario di termini con etimologie, un elenco di simboli usati in botanica e biografie di botanici illustri, ci sono alcune tabelle generali e una tabella alfabetica dei generi, con termini in latino e in francese.

After an initial summary, the work is divided into 17 parts, referred to as studies (*Étude*), combined with explanatory colour tables. There is an analysis of the morphology of the plants, with systematic handling of the various organs, their reproduction, illnesses and death, and many types of classifications. Finally, after a glossary of terms with etymologies, a list of symbols used in botany, and biographies of important botanists, there are general tables and an alphabetic table of genera, with terms in Latin and French.

8. Cürie, Peter Friedrich

Anleitung die in Deutschland wildwachsenden Pflanzen leicht und sicher zu bestimmen, Kittliz 1843.

[1 v.; 190 × 115 × 350 mm; n. inv. 2124; Sezione Botanica/Botany Section]

Poche sono le notizie relative a Peter Friedrich Cürie (1777-1855), teologo franco-tedesco, che praticò l'insegnamento e divenne vescovo all'interno della comunità ecclesiastica dal nome *Brüder Unität*.

Il trattato, redatto in tedesco, si occupa della vegetazione spontanea nella Germania del nord e del centro. La data di pubblicazione è 1843. Si tratta probabilmente di un libro di studio di Massimiliano, dal momento che sul risvolto di copertina è leggibile, a matita, "Herzherzhog Ferdinand Max" (arciduca Ferdinand Max) e a penna il nome "Ferdinand Max", con la data "1844". Si tratta probabilmente della firma autografa di Massimiliano e il 1844 potrebbe essere l'anno in cui Massimiliano dodicenne è entrato in possesso del libro. Sempre in matita, sulla stessa pagina compaiono altri numeri, riferibili forse al prezzo o a eventuali collocazioni o numeri d'inventario del volume. Sulla pagina del frontespizio, compaiono poi un'etichetta di piccolissime dimensioni con lo stemma Asburgo-Lorena su fondo blu, e il numero "7" scritto a penna. Dopo l'introduzione, che include una descrizione dell'opera e una prima classificazione, il corpo del testo consiste in un elenco sistematico di tutti i generi e le specie botaniche, suddiviso in due parti definite *Tabelle*. Chiude tutto un indice in latino. L'opera è corredata da una cospicua collezione di fiori e foglie raccolti ed essiccati, conservati in corrispondenza delle specie descritte. Tra le pagine si registra, inoltre, una lunga serie di note scritte a matita, mentre, nel capitolo dell'indice, indicazioni sempre a matita delle tipologie raccolte. È ipotizzabile che i reperti e le note autografe siano ascrivibili proprio a Massimiliano.

Few are the news related to Peter Friedrich Cürie (1777-1855). He was a French/German theologian who practised teaching and, joining the Church, became bishop of a religious community named *Brüder Unität*.

The German treatise explores wild vegetation in northern and central Germany. The date of publication is 1843. This is probably a study book of Maximilian, as the cover bears the words, written in pencil, "Herzherzhog Ferdinand Max" (Archduke Ferdinand Max) and in ink the name "Ferdinand Max", with the date "1844". This is probably hand written by Maximilian and 1844 could be the year in which the twelve-year-old Maximilian came into possession of the book. The page bears other numbers, also in pencil, perhaps referring to the price or location or inventory numbers for the volume. On the title page, there is a very small label with the coat of arms of the house of Habsburg-Lorraine on a blue background, and the number "7" in ink. After the introduction, which includes a description of the work and an initial classification, the body of the text consists of a systematic list of all genera and botanical species, divided into two parts referred to as *Tabelle*. A Latin index completes the volume. The work is accompanied by a substantial collection of dried flowers and leaves, preserved alongside the species described. Among the pages there is also a long series of notes written in pencil, whereas, and, in the index, indications of the types collected, again in pencil. It is possible that the collected items and notes are the work of Maximilian himself.

9. De Visiani, Roberto

Sopra una nuova specie di palma fossile, Napoli 1867.

[1 v.; 303 × 235 × 4 mm; n. inv. 2132c; Sezione Botanica/Botany Section]

Roberto De Visiani (1800-1878), nato a Sebenico in Dalmazia, si laureò in Medicina a Padova. Divenne negli anni seguenti Prefetto dell'Orto Botanico e ottenne, infine, la cattedra di Botanica all'Università di Padova.

La pubblicazione è un trattato datato al mese di marzo 1867, consacrato a un tipo di palma fossile, la *Latanites Maximiliani*. Una nota integrativa del luglio 1867 riferisce che la palma è stata così nominata in onore di Massimiliano, dopo la sua morte in Messico nel giugno dello stesso anno. Il reperto è alto più di tre metri ed è stato trovato nei pressi di Vicenza nel 1863. È la prima palma fossile quasi completa, rinvenuta in Italia. L'opera contiene una tavola litografata in bianco e nero della palma descritta a cura dei litografi Richter e Wenzel.

Roberto De Visiani (1800-1878), born in Šibenik in Dalmatia, graduated in Medicine in Padua. In the years that followed, he became Prefect of the Botanical Gardens and, finally, Professor of Botany at the University of Padua.

The publication is a treatise dated March 1867 on a type of fossil palm, *Latanites Maximiliani*. An additional note dated July 1867 refers that the palm was so named in honour of Maximilian, after his death in Mexico on the month of June of the same year. The find is three metres high and was discovered near Vicenza in 1863. It was the first almost complete fossil palm, found in Italy. The work contains a black-and-white lithographic plate of the described palm by lithographers Richter and Wenzel.

10. Fontaine, G.

Collection de cent espèces du genre camellia, peintes d'après la nature, lithographiées et coloriées, Bruxelles 1845.

[1 v.; 358 × 278 × 32 mm; n. inv. 3408; Sezione Giardinaggio/Gardening Section]

Il volume è una collezione di 99 specie di camelie Japoniche e un'ultima camelia Sesanqua, ritratte dal vivo, litografate e colorate dall'artista Mlle G. Fontaine, forse Gabrielle. Dopo una breve introduzione generale, si susseguono le 100 cromolitografie delle camelie, intervallate da una pagina su cui – fronte e retro – si leggono quattro brevi descrizioni di quattro specie diverse. I nomi di alcune delle camelie sono una dedica a componenti di casate reali, come il Duc du Brabant, erede al trono belga e futuro Leopoldo II.

The volume is a collection of 99 species of Japanese camellias and a final camellia Sesanqua, produced in the field, lithographed and coloured by the artist Mlle G. Fontaine, possibly Gabrielle. A short general introduction is followed by the 100 chromolithographs of the camellias, alternated with a page featuring four brief descriptions, front and back, of four different species. The names of certain camellias are dedicated to members of certain royal houses, such as the Duc du Brabant, heir to the Belgian throne and future Leopold II.

Camellia Palmer's Cavandesii.

11. Fritsch, Karl

Kalender der Flora des Horizontes von Prag, Praha 1852.

[1 v.; 220 × 150 × 10 mm; n. inv. 2127; Sezione Botanica/Botany Section]

L'autore è Karl Fritsch (1812-1879), nato a Praga, geofisico e meteorologo, padre di Karl Fritsch, botanico.

Il volume raccoglie i dati relativi a dieci anni di osservazioni sulla vegetazione di Praga e sui comportamenti delle specie nelle diverse fasi dell'anno. L'opera è corredata di tabelle con tutte le misurazioni.

The author is Karl Fritsch (1812-1879), born in Prague, geophysicist and meteorologist, and father of Karl Fritsch, the botanist.

The volume compiles information from ten years of observations of the vegetation in Prague and the behaviour of species in the different seasons. The work is accompanied by tables of all the measurements.

12. Hannon, Joseph Désiré

Flore belge, Bruxelles
(dopo il–after 1847).

[1 v.; 177 × 123 × 38 mm; n. inv. 2126; Sezione Botanica/Botany Section]

Joseph Désiré Hannon (1822-1870) fu un medico e botanico belga, divenuto docente all'Università di Bruxelles.

L'opera è di piccolo formato e reca il monogramma di Carlotta sul dorso. È un trattato di botanica suddiviso in 3 sezioni (dette *Tome*) con illustrazioni esplicative in bianco e nero. All'inizio di ogni sezione, ritratti di celebri studiosi di botanica: per la prima sezione R. Dodonée e C. de l'Écluse; segue, F. van Sterbeeck, e da ultimo, A. Spigelius. Chiude un capitolo sulla storia della botanica in Belgio, in cui si fa riferimento anche agli studiosi ritratti in testa alle sezioni.
Nella prima di copertina è conservato un fiore secco, attribuibile forse a chi in origine può aver consultato questa pubblicazione.

Joseph Désiré Hannon (1822-1870) was a Belgian doctor and botanist, who became lecturer at the University of Brussels.

The work is in a small format and bears Charlotte's monogram on the spine. It is a botanical treatise divided into three sections (referred to as *Tome*) with explanatory illustrations in black and white. At the start of each section are portraits of renowned academics of botany: for the first section R. Dodonée and C. de l'Écluse, followed by F. van Sterbeeck, and finally A. Spigelius.
The volume ends with a chapter on the history of botany in Belgium, making reference to the academics depicted at the beginning of each section.
A dried flower is preserved inside the front cover, potentially attributable to somebody who originally consulted this publication.

13. Jacquemart, Albert

Flore des dames, Paris 1840.

[1 v.; 164 × 110 × 30 mm; n. inv. 2112; Sezione Botanica/Botany Section]

CAPUCINE TRICOLORE.   CYCLAME à feuilles de Lierre.

Albert Jacquemart (1808-1875), parigino, fu uno storico dell'arte esperto di ceramica e studioso naturalista.

Opera di piccolo formato, con il monogramma di Carlotta sulla copertina e il sottotitolo, *Botanique à l'usage des dames et des jeunes personnes*. Dopo l'introduzione, si sviluppano 11 capitoli, definiti *Promenade* (passeggiate) e introdotti da una cromolitografia a soggetto floreale, in cui, nella forma di un dialogo tra due persone, si esaminano alcuni temi di botanica, quali la morfologia e le classificazioni delle piante, gli erbari e le serre. Chiude una serie di tavole illustrate. Tra due pagine del libro è conservato un quadrifoglio secco.

Albert Jacquemart (1808-1875) was a Parisian art historian specialised in ceramics and an academic naturalist.

This work is in a small format with the monogram of Charlotte on the cover and the subtitle *Botanique à l'usage des dames et des jeunes personnes*. The introduction is followed by 11 chapters, referred to as *Promenade* and introduced by a chromolithograph with a floral subject. The content within covers various botanical topics in the form of a conversation between two people, including morphology and the classifications of plants, herbariums and greenhouses. The volume ends with illustrated plates. A dried four-leafed clover is preserved between two pages of the book.

14. Jerrard, Paul

Flowers from Stratford Avon: a selection from the flowers mentioned in the plays and poems of Shakespeare, London (1852-1854).

[1 v.; 288 × 200 × 19 mm; n. inv. 735; Sezione Album inglesi/English Albums Section]

Paul Jerrard (1810-1888) fu libraio, artista, illustratore di libri e litografo. Nella sua produzione, si annoverano opere illustrate di Shakespeare e studi a tema ornitologico, entomologico e botanico.

Il volume è un florilegio di citazioni shakespeariane. Accostati a eleganti raffigurazioni di 12 tipi di fiori sono i versi finemente istoriati del dramma di Shakespeare, in cui compare il fiore ritratto. Così scorrono, tra gli altri, passi tratti da *Sogno di una notte di mezza estate*, *Venere e Adone*, *Enrico IV*, *Amleto* e *Come vi piace*.

Paul Jerrard (1810-1888) was a bookseller, artist, illustrator and lithographer. His body of work includes illustrated volumes of Shakespeare and studies in ornithology, entomology and botany.

This volume is a collection of Shakespearian quotes. Alongside elegant depictions of 12 types of flowers are finely illustrated verses from a Shakespearean drama that features each flower. Amongst others, the work includes passages from *A Midsummer Night's Dream*, *Venus and Adonis*, *Henry IV*, *Hamlet* and *As You Like It*.

15. Le Maout, Emmanuel

Botanique-organographie et taxonomie des familles végétales etc., Paris 1852.

[1 v.; 275 × 197 × 35 mm; n. inv. 2110; Sezione Botanica/Botany Section]

L'opera di Emmanuel Le Maout, (1799-1877), naturalista e botanico francese, è di proprietà di Carlotta, com'è testimoniato dal suo monogramma, presente sulla coperta e sul dorso. Apre una lettera indirizzata ad Adrien de Jussieu, già direttore del Jardin des Plantes, l'orto botanico di Parigi, introdotta dai ritratti dello zio Bernard de Jussieu e del padre Antoine de Jussieu, entrambi botanici. Segue un'introduzione con la descrizione degli organi delle piante, elementari, di nutrizione e di riproduzione, corredata da illustrazioni in bianco e nero; un capitolo sulla tassonomia riporta varie tabelle e classificazioni; vi è, infine, un'ampia sezione sulla storia delle famiglie botaniche con illustrazioni a colori e alcune in bianco e nero relative a contesti ambientali e specie esotiche. Le litografie sono edite da più autori, tra cui Bisson e Cottard.

The work by Emmanuel Le Maout, (1799-1877), French naturalist and botanist, was owned by Charlotte, as demonstrated by her monogram on the cover and spine. It opens with a letter addressed to Adrien de Jussieu, then director of the Jardin des Plantes, the Botanical Gardens in Paris, introduced by portraits of his uncle Bernard de Jussieu and his father Antoine de Jussieu, both botanists. This is followed by an introduction with a description of the elementary, nutritional and reproductive organs of plants, accompanied by black-and-white illustrations. This is followed by a chapter on taxonomy with various tables and classifications. Finally, there is a large section with the history of botanical families along with colour and some black-and-white illustrations regarding several environments and exotic species. The lithographs are the work of multiple authors, including Bisson and Cottard.

16. Leseman, Friedrich

Viola tricolor, mittelst künstlicher Befruchtung gezogen durch den Hofgärtner F. Leseman, Wien s.d./n.d.

[2 vv./vols; 345 × 280 × 18 mm; n. inv. 3411; Sezione Giardinaggio/Gardening Section]

Riguardo a Friedrich Leseman risulta che fu giardiniere di corte della Villa Braunschweig di Hietzing, a Vienna.

L'opera è una raccolta di cromolitografie edite dalla K.-K. Hof und Staatsdruckerei (imperialregia Tipografia di corte) sul fiore della viola, a cui sono stati attribuiti i nomi dei componenti della famiglia imperiale. Le dediche sono a Francesco Giuseppe, Elisabetta, i genitori di Francesco Giuseppe e alcuni dei figli della coppia imperiale; agli arciduchi Ferdinando Massimiliano e Carlotta; ai fratelli minori di Francesco Giuseppe e Massimiliano e ad altri reali e nobili, in alcuni casi legati alla famiglia Braunschweig. L'ultima viola è definita la Bella di Hietzing (*Schöne von Hitzing*). I volumi sono due e identici; probabilmente una copia per ciascuno degli arciduchi di Miramare, viste le due viole a loro dedicate.

Friedrich Leseman was court gardener at Villa Braunschweig of Hietzing, in Vienna.

The work is a collection of chromolithographs by K.-K. Hof und Staatsdruckerei (Court and State Printers) on the flower Violet, to which names of the members of the imperial family are attributed. These dedications are to Franz Joseph, Elizabeth, the parents of Franz Joseph and certain children of the imperial couple, to the archdukes Ferdinand Maximilian and Charlotte, to the younger brothers of Franz Joseph and Maximilian, and to other royal figures and nobles, in certain cases linked to the Braunschweig family. The last violet is referred to as the Beauty of Hietzing (*Schöne von Hitzing*). There are two identical volumes, probably a copy for each of the archdukes of Miramare, considering the two violets dedicated to them.

17. Linden, Jean Jules

Pescatorea: Iconographie des Orchidées, Bruxelles 1860.

[1 v.; 460 × 343 × 34 mm; n. inv. 2121; Sezione Botanica/Botany Section]

Jean Jules Linden (1817-1898) fu un botanico, esploratore e orticultore belga. Partecipò alla spedizione scientifica belga in Brasile dal 1835-1837, collezionando piante e animali e iniziando lo studio delle orchidee.
Si specializzò, in seguito, su questo fiore, pubblicando numerose opere.

Il volume, in un'edizione di lusso, è di grande formato. Dopo una prima presentazione dei contenuti e un sommario delle illustrazioni, il trattato si sviluppa in 48 tavole a colori di altrettante tipologie di orchidee e relative descrizioni. I primi 5 fascicoli (*Livraison*) sono datati 1854, i successivi sono privi di datazione.

Jean Jules Linden (1817-1898) was a Belgian botanist, explorer and horticulturist. He participated in the Belgian scientific expedition to Brazil in 1835-1837, collecting plants and animal specimens and beginning the study of orchids. Going on to specialise in this flower, he published numerous works.

This volume, a luxury edition, is in a large format. After an initial presentation of the contents and a list of the illustrations, the treatise continues with 48 colour plates of 48 different types of orchids with descriptions. The first 5 fascicles (*Livraison*) are dated to 1854, while the others are not dated.

ODONTOGLOSSUM PESCATOREI Lind.

18. Loudon, Jane

The ladies' flower-garden of ornamental bulbous plants, London 1841.

[1 v.; 300 × 240 × 45 mm; n. inv. 3398; Sezione Giardinaggio/Gardening Section]

L'inglese Jane Wells Loudon (1807-1858) fu autrice dei primi romanzi di fantascienza e collaborò con il marito John Loudon nella redazione di articoli e libri. Dopo la morte del marito, pubblicò soprattutto su botanica, orticoltura e scienze naturali. I suoi manuali illustrati resero l'arte del giardinaggio adatta alle giovani donne.

L'opera, che riporta il monogramma di Carlotta sulla copertina, è una trattazione sulle piante bulbose ornamentali. Il testo è corredato da 58 tavole a colori, di altrettante specie, litografate dalla tipografia londinese Day & Hague, la più famosa nella prima epoca vittoriana. Dopo il frontespizio, gli indici e l'introduzione, il volume è ripartito in 8 capitoli, corrispondenti ciascuno a una famiglia botanica, di cui viene fornita la presentazione con i suoi generi e le sue specie.

Jane Wells Loudon (1807-1858) was an English woman author of science-fiction novels, who collaborated with his husband, John Loudon, in publishing journals and books. After the death of his husband, she primarily published on botany, horticulture and natural sciences. Her illustrated manuals became very popular and made the art of gardening suitable for young women.

The work, which bears Charlotte's monogram on the cover, is a treatise on ornamental bulbous plants. The text is accompanied by 58 colour plates, featuring 58 different species, lithographed by London printers Day & Hague, the most renowned from the early Victorian Age. After the title page, the table of contents and the introduction, the volume is divided in 8 chapters, each dealing with a botanical family, presented together with its genera and species.

19. Loudon, Jane

British wild flowers, London 1847.

[1 v.; 300 × 240 × 50 mm; n. inv. 3399; Sezione Giardinaggio/Gardening Section]

L'opera di proprietà di Carlotta, come attestato dal suo monogramma, analizza le specie selvatiche di fiori ed erbe aromatiche che crescono sul territorio inglese. Dopo la sezione introduttiva con le liste dei contenuti e delle illustrazioni, 82 capitoli prendono in esame altrettante famiglie di piante, insieme alle tribù e ai generi afferenti. Le descrizioni sono supportate da 60 tavole colorate.

The work was owned by Charlotte, as demonstrated by her monogram, and analyses species of wild flowers and herbs found on British territory. After the introductory section with the lists of contents and illustrations, 82 chapters exams 82 families of plants with their tribes and genera. The descriptions are accompanied by 60 colour plates.

1. The Flowering Rush 2. The Lily of the Valley 3. Solomon's Seal. 4. Herb-Paris 5. Butchers Broom.

20. Loudon, John Claudius

An encyclopaedia of trees and shrubs' being the Arboretum et fruticetum brittanicum..., London 1853.

[1 v.; 230 × 165 × 80 mm; n. inv. 3396; Sezione Giardinaggio/Gardening Section]

John Claudius Loudon (1783-1843) fu giardiniere del paesaggio e architetto scozzese. Con i suoi scritti influenzò il gusto vittoriano per i giardini, gli spazi pubblici e l'architettura domestica. Dopo la formazione a Edimburgo, si trasferì a Londra, dove iniziò a operare come giardiniere del paesaggio e a pubblicare su giardinaggio, orticoltura, progettazione del paesaggio (*landscape design*). Sviluppò il principio del *gardenesque* incentrato su giardini irregolari, pittoreschi e oggetto di studi botanici e il concetto dell'*arboretum*, dove alberi e cespugli erano coltivati nell'ottica della ricerca e dell'osservazione scientifica.

Dopo la parte introduttiva, l'opera consiste nella classificazione sistematica di tutti gli alberi e gli arbusti attestati sul territorio britannico. In conclusione, ci sono una sezione supplementare con ulteriori specie e varietà; la bibliografia; i glossari e l'indice generale. Le illustrazioni sono in bianco e nero. Si può supporre che il volume sia stato consultato pochissimo, in quanto le pagine risultano ancora attaccate una all'altra. Sono leggibili solo il glossario finale e l'indice generale.

John Claudius Loudon (1783-1843) was a Scottish landscape gardener and architect. His writings influenced Victorian tastes for gardens, public spaces and domestic architecture. After his education in Edinburgh, he moved to London, where he started working as a landscape gardener and publishing works on gardening, horticulture, and landscape design. He developed the principle of *gardenesque*, focused on irregular, picturesque gardens aimed at the study of botany, and the concept of the *arboretum*, where trees and bushes were grown for the purpose of scientific research and observation.

Following the introduction, the work consists of a systematic classification of all the trees and shrubs found in British territory. Finally, there is a supplementary section with further species and varieties, a bibliography, glossaries and a general index. The illustrations are in black and white. The volume was consulted very little, as demonstrated by the fact that the pages are still attached to one another. Only the final glossary and general index are legible.

21. Loudon, John Claudius

An encyclopaedia of cottage, farm, and villa architecture and furniture..., London 1857.

[1 v.; 230 × 165 × 90 mm; n. inv. 3397; Sezione Giardinaggio/Gardening Section]

Il volume è suddiviso in 4 sezioni, definite *Book*. La prima tratta i cottage di campagna, con riferimento alle diverse tipologie e ad altri aspetti, tra cui impianti e mobilio. La seconda si occupa delle fattorie e delle case parrocchiali; delle abitazioni e dei cottage dei contadini; delle locande e i locali pubblici di campagna e, infine, delle scuole parrocchiali. La terza sezione concerne le ville di campagna, con informazioni sulla loro storia, immagini di alcune residenze, introduzione al concetto del giardinaggio paesaggistico. Segue una trattazione specifica sulle ville e i loro edifici afferenti, tra cui scuderie, maneggi, voliere, zoo e serre. Sono passati in rassegna anche terrazze, cancelli, sistemi di illuminazione e di riscaldamento, e mobilio. L'ultima sezione è un saggio teorico su principi di architettura. Chiude il volume un supplemento con planimetrie e analisi integrative sui temi già presi in esame e riferimenti a elementi strutturali accessori.

The volume is divided into 4 sections, referred to as *Book*. The first deals with country cottages, with reference to the different types and other aspects, including plants and furniture. The second deals with farms and parish houses, homes and cottages of farm workers, inns and public houses in the countryside and, finally, parish schools. The third section discusses country houses, with historical information, images of certain residences, and introduction of the concept of landscape gardening. This is followed by a specific analysis of country houses and their buildings, including stables and training areas, aviaries, zoos, greenhouses. The author goes through terraces, gates, lighting and heating systems and furniture as well. The final section is a theoretical essay on the principles of architecture. The volume concludes with a supplement featuring plans and additional sections on topics already analysed and reference to additional structural elements.

22. Loudon, John Claudius - Loudon, Jane

Loudon's encyclopedia of plants, London 1855.

[1 v.; 230 × 165 × 95; n. inv. 3395; Sezione Giardinaggio/Gardening Section]

Come riferito nella prefazione, l'enciclopedia consiste in una disamina sistematica di tutte le piante indigene, coltivate ed esotiche attestate o introdotte nel territorio britannico. Dopo la prefazione, compaiono gli elenchi bibliografici, le liste di denominazioni e abbreviazioni, e un'introduzione generale. L'opera si divide in due parti: la prima concerne la classificazione di Linneo, o artificiale, di tutti i generi e le specie; la seconda parte, invece, presenta la suddivisione del botanico Jussieu, o naturale, di tutti i generi. Chiudono l'opera un'appendice e l'indice finale. È corredata da illustrazioni esplicative di piccole dimensioni in bianco e nero. Il volume non è stato probabilmente mai consultato tant'è che la gran parte delle pagine risultano ancora unite le une alle altre.

As indicated in the preface, the encyclopaedia consists of a systematic presentation of all indigenous, farmed and exotic plants, identified or introduced to Britain. After the preface, there are bibliographical lists, lists of names and abbreviations, and a general introduction. The work is divided into two parts. The first discusses the Linnaeus or artificial classification of all genera and species. The second presents the Jussieu or natural botanical subdivision of all genera. The work concludes with an appendix and the final index. The volume is supported by small black-and-white illustrations. It was probably never consulted as the majority of the pages are still joined together.

23. Martius, Carl Friedrich Philipp von

Die Phisiognomie des Pflanzenreiches in Brasilien, München 1824 (14 febbraio/February).

[1 v.; 350 × 284 × 4 mm; n. inv. 2130; Sezione Botanica/Botany Section]

Dopo gli studi all'Università di Erlangen, Carl Friedrich Philipp von Martius (1794-1868) iniziò a collaborare con il locale Orto Botanico. Partecipò alla spedizione esplorativa in Brasile (1817-1820), promossa dal regno di Baviera, a seguito della quale divenne membro dell'Accademia bavarese delle Scienze, conservatore dell'Orto Botanico di Monaco e docente di Botanica all'Università della stessa città.

Come recita il titolo, la brossura è stata letta in occasione del 14 febbraio 1824, data della celebrazione del venticinquesimo anno di regno del sovrano di Baviera Massimiliano I Giuseppe Wittelsbach, nonno materno di Francesco Giuseppe e Massimiliano. Il volume è un saggio sulla vegetazione brasiliana, indagata durante l'esplorazione del Paese tra il 1817-1820. Dopo una breve introduzione sulle caratteristiche geografiche del Brasile, l'autore approfondisce le sue peculiarità botaniche con vari riferimenti anche al contesto territoriale.

After the studies at the University of Erlangen, Carl Friedrich Philipp von Martius (1794-1868) began to cooperate at the local Botanical Gardens. He participated in an expedition exploring Brazil (1817-1820), promoted by the Kingdom of Bavaria. Then he became member of the Bavarian Academy of Sciences, conservator at the Botanical Gardens in Munich and Professor of Botany at the University of the same city.

As the title recites, this paperback was read on February 14, 1824, to mark the 25th year of the reign of Maximilian I Joseph Wittelsbach, maternal grandfather of Franz Joseph and Maximilian.
The volume is an essay on Brazilian vegetation, researched during an exploration in the country between 1817-1820. After a short introduction on the geographical features, the author studies the Brazilian botanical peculiarity also with references to the local context.

24. Masius, Hermann

Naturstudien: Skizzen aus der Pflanzen-und Thierwelt, Leipzig 1857.

[1 v.; 222 × 160 × 30 mm; n. inv. 295; Sezione Prosa/Prose Section]

Hermann Masius (1818-1893) studiò teologia, pedagogia e scienze naturali all'Università di Halle. Fu insegnante al liceo e poi docente di Pedagogia all'Università di Lipsia.

Il volume reca il monogramma di Massimiliano sul dorso. È stato pubblicato presso la casa editrice Sperling di Lipsia, di cui è visibile l'etichetta e a cui afferiscono altre pubblicazioni della collezione libraria di Miramare (v. cat. 38). L'opera è un trattato relativo ad alcune specie botaniche e faunistiche. Diviso in due parti, presenta una cromolitografia iniziale con una composizione floreale in un vaso e altre litografie in bianco e nero nel corpo del testo. Le trattazioni hanno un tono marcatamente didattico.

Hermann Masius (1818-1893) studied theology, pedagogy and natural sciences at the University of Halle. He was a secondary-school teacher and then lecturer in Pedagogy at the University of Leipzig.

The volume bears Maximilian's monogram on the spine. It was released by the publisher Sperling of Leipzig, with the corresponding label visible. Other publications in the Miramare library collection are also from this publisher (see cat. 38). The work is a treatise on certain botanical and animal species. Divided into two parts, it features an initial chromolithograph with a floral composition in a vase and other black-and-white lithographs in the body of the text. The presentation of information has a markedly educational tone.

25. Morren, Charles - Morren, Édouard

La Belgique Horticole. Journal des jardins, des serres et des champs, Liège 1851-1862.

[11 vv./vols. + 9 fascc.; vv./vols.: 247 × 166 × 33 mm ca; fascc.: 250 × 163 × 3-4 mm ca; n. inv. 3407; Sezione Giardinaggio/Gardening Section]

"La Belgique Horticole" è una rivista illustrata pubblicata a Liegi in Belgio tra il 1851 e il 1885. Per i primi quattro anni fu edita da Charles Morren (1807-1858), docente di Fisica e Botanica all'Università di Liegi e poi direttore del giardino botanico di Liegi. Dal 1855 fu affiancato dal figlio Édouard Morren (1833-1886), professore di Botanica e direttore del giardino botanico dell'Università di Liegi, che poi divenne editore unico, fino al 1885. Nella biblioteca di Miramare sono conservati 11 volumi rilegati, a partire dalla prima uscita del 1851, e 9 pubblicazioni in fascicolo relative all'anno 1862. Ogni libro reca il monogramma di Carlotta sul dorso. Gli articoli sono scritti prevalentemente da Charles e Édouard Morren, ma ci sono contributi anche di altri studiosi. I saggi sono ordinati in sezioni tematiche. Tra i tanti argomenti, se ne riportano qui alcuni: orticoltura, presentazioni di nuove piante, storia delle piante interessanti, curiose e utili, fisiologia e patologia delle piante, coltura nelle serre, floricoltura da salotto, architettura dei giardini e da orto, mobili da giardino, utensili, scienza dei fertilizzanti, arboricoltura, giardini da frutta, taglio degli alberi da frutta, coltura degli ortaggi, malattie delle piante, piante e animali nocivi, mostre floreali, varie bibliografie. Ogni pubblicazione è corredata da circa una cinquantina di tavole a colori con immagini di fiori e frutti e molteplici illustrazioni in bianco e nero. In conclusione, è sempre presente l'indice dettagliato dei contenuti e delle raffigurazioni. Tra gli articoli della prima pubblicazione, un omaggio alla regina dei Belgi Luisa d'Orléans, madre di Carlotta, a un anno dalla morte, avvenuta nel 1850.

La Belgique Horticole is an illustrated journal published in Liège, Belgium, between 1851 and 1885. For the first four years it was edited by Charles Morren (1807-1858), lecturer of Physics and Botany at the University of Liège and then director of the Botanical Gardens of Liège. From 1855, he worked alongside his son Édouard Morren (1833-1886), who was professor of Botany and director of the Botanical Gardens of the University of Liège, and who went on to become the sole editor until 1885. The Miramare library holds 11 bound volumes, starting from the first issue in 1851, and 9 volumes as individual fascicles referring to 1862. Each book bears Charlotte's monogram on the spine. The articles are written primarily by Charles and Édouard Morren, but there is also material from other academics. The essays are ordered into thematic sections. Amongst the many topics, some are here listed: horticulture, presentations of new plants, the history of interesting, intriguing and useful plants, physiology and pathology of plants, cultivation in greenhouses, indoor floriculture, architecture of gardens and vegetable gardens, garden furniture, tools, fertilizer science, arboriculture, orchards, pruning fruit trees, farming vegetables, plant illnesses, poisonous plants and animals, flower exhibitions and various bibliographies. Each publication is accompanied by approximately 50 colour plates with images of flowers and fruits and many black-and-white illustrations. Finally, there is always a detailed index of the contents and illustrations. Amongst the articles of the first publication is one paying homage to the Queen of the Belgians Louise of Orléans, mother of Charlotte, one year after her death in 1850.

Framboisiers.
1. rouge d'Anvers. 2. de Barnet. 3. Fastolff.

26. Neilreich, August

Nachträge zu Maly's Enumeratio plantarum phanerogamicarum imperii austriaci universi, Wien 1861.

[1 v.; 212 × 151 × 23 mm; n. inv. 2125; Sezione Botanica/Botany Section]

August Neilreich (1803-1871), giurista e botanico viennese, si specializzò in ricerche e pubblicazioni relative alla vegetazione endemica di Vienna e del territorio imperiale; scrisse anche sulla storia della botanica.

L'introduzione in tedesco presenta gli sviluppi degli studi di botanica nei quattordici anni successivi alla pubblicazione del volume di Joseph Karl Maly sulla classificazione delle piante nell'impero austriaco, facendo riferimento alla situazione di varie regioni, tra cui quelle meridionali, quelle orientali, l'Ungheria e alcune aree della penisola balcanica. Dopo un capitolo, sempre in tedesco, con bibliografia specialistica, si apre la trattazione centrale, che consiste nella classificazione botanica redatta in latino. Un indice conclusivo chiude il volume.

August Neilreich (1803-1871), a Viennese jurist and botanist, specialised in research and publications on endemic vegetation of Vienna and imperial territory, also writing about the history of botany.

The German introduction presents the developments in the study of botany in the fourteen years following publication of the volume by Joseph Karl Maly on the classification of plants in the Austrian empire, making reference to the situation in the various regions, including those in the south, the east, Hungary and certain areas of the Balkan Peninsula. After another chapter in German with specialist bibliography, the body of the treatise begins, consisting in botanical classification in Latin. The volume concludes with an index.

27. Nicol, Walter

The gardener's kalendar; or, monthly directory of operations in every branch of horticulture, Edinburgh 1814.

[1 v.; 235 × 150 × 5 mm; n. inv. 3401; Sezione Giardinaggio/Gardening Section]

Walter Nicol (1769-1811), scozzese, si occupò della pianificazione di giardini e di edifici accessori, pubblicando molto sull'orticoltura.

L'opera concerne il calendario annuale per la gestione di diverse tipologie di giardino. Mese per mese sono elencate le attività di semina, piantumazione, raccolta, potatura necessarie per gli ortaggi (*The Culinary Garden*) e la frutta (*The Fruit Garden*). Si prendono in esame poi le attività di coltivazione fuori stagione nei vivai (*The Forcing Garden*). Si descrivono, quindi, le serre costruite per la coltivazione di diversi tipi di frutta; i loro impianti e le loro architetture. Segue l'elenco della frutta da coltivare nelle serre con i comportamenti da adottare mese per mese. Si apre quindi la sezione relativa al giardino ornamentale (*The Pleasure Gardenn*), dove si presenta la cura mensile da destinare agli arbusti, all'erba, ai fiori da bulbo. Infine, l'ultimo capitolo si occupa delle verande e dei giardini d'inverno (*The Green-House and Conservatory*), con un'introduzione su queste strutture e sulla loro costruzione e una trattazione mese per mese, con informazioni sulle temperature, sull'entrata dell'aria, sull'irrigazione, la gestione delle piante in caso di maltempo, la pulizia delle piante dagli insetti. Si includono poi ulteriori notizie anche sulla potatura e la piantumazione dei vegetali, la gestione delle piante rampicanti e il posizionamento delle piante al sole. Chiude tutto una lista di definizioni in inglese e di Linneo. Nel volume, in corrispondenza della sezione sulla potatura degli alberi di fico, nettarine e pesche, sono presenti piccoli segni autografi a matita e delle lettere, come a mettere in evidenza alcuni contenuti ritenuti più rilevanti.

Walter Nicol (1769-1811), a Scot, worked as a planner for gardens and associated buildings, publishing many volumes on horticulture.

This work presents the annual calendar for the management of different types of gardens. Month by month, the different seeding, planting, harvesting, and pruning required for the vegetable garden (*The Culinary Garden*) and the fruit garden (*The Fruit Garden*). There is also a section on growing plants out of season in nurseries (*The Forcing Garden*). Next is a description of greenhouses built for growing various types of fruit, along with their systems and architecture. This is followed by a list of the fruit to be grown in greenhouses with the different steps for each month. The next section, entitled *The Pleasure Garden*, covers ornamental plants, indicating monthly care required for shrubs, lawns, and bulbous flowers. The final chapter is *The Green-House and Conservatory*, handling verandahs and winter gardens. There is an introduction of these structures and their construction, along with a month-by-month presentation of information on temperatures, ventilation, irrigation, management of plants in bad weather, cleaning insects of plants. Further indications are then included on pruning and planting, on the managing of the climbing plants and positioning of plants in the sun. At the end, there is a list of definitions in English and as according to Linnaeus. Inside the volume, at the section on pruning of fig, nectarine and peach trees there are small pencil marks and letters, as if to highlight certain important elements of content.

28. Petit, Victor

Habitations champêtres: recueil de maisons, villas, chălets, pavillons, kiosques, parcs et jardins..., Paris 1855.

[1 v.; 347 × 275 × 32 mm; n. inv. 3404; Sezione Giardinaggio/Gardening Section]

Victor Petit (1817-1871), acquarellista, pittore e litografo, si occupò di disegno architettonico e archeologico. Collaborò anche con la tipografia dei Fratelli Monrocq, litografi specializzati nella redazione di carte e planimetrie.

L'opera era di proprietà di Carlotta, com'è attestato dal suo monogramma. Sul frontespizio, compaiono titolo, contenuti e autori in una litografia con le scritte di colore rosso. Il volume consiste in 100 tavole a colori realizzate dal vivo a cura di Victor Petit, edite dai Fratelli Monrocq di Parigi e litografate dai Fratelli Becquet, sempre di Parigi. Le immagini raffigurano diverse tipologie di residenze di campagna e una serie di padiglioni esterni. Gli edifici ritratti si trovano in Francia, Svizzera, Italia, Belgio e Olanda. Tra le pagine del libro, in corrispondenza della raffigurazione della residenza di un giardiniere, è presente un foglio di carta velina con la riproduzione del soggetto in inchiostro nero e colore blu, che dà l'impressione di essere un esercizio di disegno. È possibile ipotizzare che l'autrice sia la stessa Carlotta, in quanto proprietaria del libro.

Victor Petit (1817-1871), water-colourist, painter and lithographer, was an architectural and archaeological artist. He also worked with the printing business of the Monrocq brothers, lithographers specialised in maps and plans.

The work was the property of Charlotte, as demonstrated by her monogram. The title page features titles, contents and authors in a lithograph with red inscriptions. The volume consists of 100 colour plates created in the field by Victor Petit and edited by the Monrocq brothers of Paris and lithographed by the Becquet brothers, also of Paris. The images depict different types of country residences and a series of outdoor pavilions. The buildings depicted are located in France, Switzerland, Italy, Belgium and Holland. Amongst the pages of the book, in correspondence with depictions of the residence of a gardener, there is a sheet of tissue paper with reproduction of the subject in black ink and blue colour, giving the impression of being a drawing exercise. It is possible that the author of this drawing was Charlotte herself, as she was the owner of the book.

29. Petit, Victor

Parcs et jardins des environs de Paris. Nouveau recueil de plans de jardins et petits parcs, Paris s.d./n.d.

[1 fasc.; 353 × 270 mm; n. inv. 3405; Sezione Giardinaggio/Gardening Section]

Si tratta di una raccolta edita dai Fratelli Monrocq di 10 tavole cromolitografiche a cura dello stesso autore Victor Petit e dei Fratelli Becquet, di Parigi. Il frontespizio e l'indice della pubblicazione si trovano sulla copertina anche con l'indicazione della superficie delle aree raffigurate. Le tavole ritraggono piccoli parchi e giardini, con una prospettiva dall'alto, completi di didascalie. Alcune immagini raffigurano, inoltre, le costruzioni che costellavano gli spazi verdi, come grotte e padiglioni, piccoli *chalet* e architetture rustiche (*cabanes rustiques*).

This is a collection edited by the Monrocq brothers of 10 chromolithographs by the same author Victor Petit and the Becquet brothers, of Paris. The title page and contents are found on the cover also with the indication of the portrayed areas' surfaces. The plates depict small parks and gardens from above, complete with captions. Some plates also show the buildings scattered across the green spaces, like grottoes and pavilions, small chalets and rustic structures (*cabanes rustiques*).

30. Peyritsch, Johann

Aroideae Maximilianae. Die auf der Reise Sr. Majestät des Kaisers Maximilian I. nach Brasilien gesammelten Arongewächse nach handschriftlichen Aufzeichnungen von H. Schott beschrieben, Wien 1879.

[1 v.; 615 × 455 × 34 mm; n. inv. 2132d; 1 raccolta di 52 tavole/ 1 collection of 52 plates; 620 × 445 mm e 556 × 356 mm; n. inv. 2132e; Sezione Botanica/Botany Section]

Johann Josef Peyritsch (1835-1889) fu un botanico e medico, nato in Carinzia e formatosi al Politecnico e all'Università di Vienna. Fu medico della Marina austriaca e praticò poi anche in strutture ospedaliere. Partecipò ad alcune spedizioni internazionali spesso in collaborazione con Heinrich Wawra. Tra gli altri incarichi, fu docente all'Università di Vienna e di Innsbruck.

Il volume si apre con un primo frontespizio con il titolo *Sr. Majestät des Kaisers von Mexico Maximilian I Reise nach Brasilien (1859-1860) botanische Ergebnisse,* che mette in relazione quest'opera con la pubblicazione di Heinrich Wawra del 1866 (v. cat. 48). Subito dopo è inserita la tavola cromolitografica firmata da Joseph Selleny, il pittore del viaggio intorno al globo della fregata *Novara* (1857-1859), dal titolo *Brasilianischer Urwald mit reichem Aroideen-Flor*, con uno scorcio della foresta brasiliana in cui crescono svariate *Aroideae*. Dopo il frontespizio con il titolo completo dell'opera e lo stemma dell'impero messicano, compare la prefazione a cura dell'autore Johann Josef Peyritsch. Vi si spiega l'articolata genesi dell'opera, nata dal progetto di Massimiliano di pubblicare i risultati scientifici del viaggio in Brasile. Nel volume del 1866 di Heinrich Wawra e Franz Maly, membri della spedizione, era confluita l'analisi integrale della vegetazione brasiliana, con l'esclusione delle *Aroideae*, destinate invece a un'opera monografica, curata da Heinrich Wilhelm Schott, studioso di questa sottofamiglia. Le piante in esame erano state raccolte nell'isola di Itaparica, nella foresta di Ilhéus della provincia di Bahia e nella provincia di Rio de Janeiro e poi trapiantate nelle serre di Schönbrunn, dove erano stati importati anche semi e rizomi. Dal 1866 si susseguono gli incarichi nella gestione della pubblicazione fino al 1878, quando August Jilek, medico personale di Massimiliano, decide di ultimare l'opera e affida a Peyritsch la curatela principale. Dopo la prefazione, in due prospetti sono elencate le *Aroideae* presentate nel volume e suddivise prima per tribù e poi per genere e specie. Di seguito, si sviluppa per poco più di una cinquantina di pagine l'apparato descrittivo in latino e tedesco delle piante in esame e delle tavole illustrative corrispondenti. A celebrare l'imperatore del Messico, alcune delle specie acquisiscono il suo nome, come l'*Anthurium Maximiliani*, la *Xanthosoma Maximiliani*, la *Zomicarpa Steigeriana Ferdinandus Maximilianus*. All'*Anthurium* vengono conferiti anche i nomi di August Jilek e Franz Maly (*Jilekii* e *Malyi*). La seconda parte del volume consta di 42 cromolitografie realizzate dall'artista Wenzel Liepoldt ed edite dalle tipografie Anton Hartinger und Sohn e Reiffenstein und Rösch di Vienna, in cui le piante sono ritratte nel loro insieme e con le singole componenti. Va collegata alla pubblicazione una raccolta separata di 52 tavole a colori, non rilegate, prive dei nomi delle piante, con i riferimenti a matita alle due stesse tipografie viennesi.

Johann Josef Peyritsch (1835-1889), was a doctor and botanist who was born in Carinthia and studied at the Polytechnic Institute and University of Vienna. He was a doctor of the Austrian Navy and later also practised in hospital institutions. He participated in several international expeditions, often in collaboration with Heinrich Wawra. Amongst other roles, he was a lecturer at the University of Vienna and the University of Innsbruck.

The volume begins with an initial title page with the title *Sr. Majestät des Kaisers von Mexico Maximilian I Reise nach Brasilien (1859-1860) botanische Ergebnisse,* connecting this work with the publication of Heinrich Wawra from 1866 (see cat. 48). This is immediately followed by a chromolithograph signed by Joseph Selleny, the painter from the voyage around the globe of the frigate *Novara* (1857-1859), entitled *Brasilianischer Urwald mit reichem Aroideen-Flor*, with a view of the Brazilian forest where various *Aroideae* grow. After the title page with the complete title of the work and the coat of arms of the Mexican empire, there is a preface by author Johann Josef Peyritsch. This provides an explanation of the complex birth of the work, born from the idea of Maximilian to publish the scientific results of the voyage to Brazil. The 1866 volume (see cat. 48) by Heinrich Wawra and Franz Maly, members of the expedition, featured a complete analysis of Brazilian vegetation, with exclusion of the *Aroideae*, destined instead for a separate, specialised work, edited by Heinrich Wilhelm Schott, an academic focused on this sub-family. The plants in question were collected on the island of Itaparica, in the Ilhéus forest in the province of Bahia and in the province of Rio de Janeiro, and then planted in

31. Pokorny, Alois

Die Vegetationsverhältnisse von Iglau: ein Beitrag zur Pflanzengeographie des böhmisch-mährischen Gebirges, Wien 1852.

[1 v.; 230 × 160 × 17 mm; n. inv. 2128; Sezione Botanica/Botany Section]

32. Rastoin-Brémond, Édouard

Lettres d'un frère à sa soeur sur la botanique et la physiologie des plantes, Paris 1829.

[1 v.; 155 × 100 × 20 mm; n. inv. 2111; Sezione Botanica/Botany Section]

---

the Schönbrunn greenhouses, where seeds and rhizomes had also been imported. by From 1866, various figures were assigned for management of the publication until 1878, when August Jilek, personal doctor of Maximilian decided to complete the work and entrusted Peyritsch to oversee it. After the preface, two charts list the *Aroideae* presented in the volume and divided first by tribe and then by genus and species. This is followed by little more than fifty pages by description in Latin and German of the plants in question and corresponding illustrative plates. Celebrating the Emperor of Mexico, some species carry his name, such as *Anthurium Maximiliani*, *Xanthosoma Maximiliani*, and *Zomicarpa Steigeriana Ferdinandus Maximilianus*. *Anthurium* species also receive the names of August Jilek and Franz Maly (*Jilekii* and *Malyi*). The second part of the volume features 42 chromolithographs created by artist Wenzel Liepoldt and edited by printers Anton Hartinger und Sohn and Reiffenstein und Rösch of Vienna, depicting whole plants and individual components. A separate collection of 52 colour plates is to be connected with Peyritsch's publication. The plates are unbound, lacking the plants names, with references in pencil to the same two Viennese printers from above.

Alois Pokorny (1826-1886), botanico e docente, attivo soprattutto a Vienna, autore di diversi studi, collaborò con Constantin von Ettingshausen alla pubblicazione delle *Physiotypia Plantarum Austriacarum*.

Trattato sulla flora di Jihlava, nell'attuale Repubblica Ceca, e della sua regione. Il volume è suddiviso in alcune sezioni relative alle condizioni della vegetazione e ad alcuni aspetti specifici, quali famiglie di piante, andamenti numerici e confronti. Sono incluse tabelle sulla località di Jihlava nel periodo 1817-1840 con dati concernenti le variazioni delle temperature e della pressione, le precipitazioni, la nuvolosità e i venti e delle planimetrie della regione.

Alois Pokorny (1826-1886), botanist and lecturer, working primarily in Vienna, and author of various studies, collaborated with Constantin von Ettingshausen for the publication of *Physiotypia Plantarum Austriacarum*.

This is a treatise on the flora of Jihlava in what is now the Czech Republic, and its region. The volume is divided into several sections on conditions of vegetation and certain specific aspects, including families of plants, trends in numbers and comparisons. Tables are included on the Jihlava area in the period 1817-1840 with data on variations in temperature and pressure, precipitation, cloud cover and winds, along with maps of the region.

Il volume è dedicato alle *Mesdemoiselles d'Orléans*, titolo portato da Luisa d'Orléans, madre di Carlotta, e dalle sue sorelle Marie e Clémentine. Libricino di piccole dimensioni, che tratta aspetti di botanica nella forma dell'epistolario tra un fratello e una sorella. Tra le sezioni, spicca il prospetto con l'orario giornaliero di apertura dei fiori.

The volume is dedicated to the *Mesdemoiselles d'Orléans*, the title held by Louise of Orléans, mother of Charlotte, and her sisters Marie and Clémentine. This is a small book that explores aspects of botany in the form of an epistolary between a brother and sister. One section that stands out is a chart with the daily times of opening of flowers.

33. Redouté Pierre-Joseph
Les liliacées, Paris 1802-1816.

[8 vv./vols; 560 × 380 × 44 mm; n. inv. 2118; Sezione Botanica/Botany Section]

Pierre-Joseph Redouté (1759-1840), originario delle Ardenne belghe, giunse a Parigi, dove si specializzò nell'illustrazione botanica, presso il Jardin des Plantes. Dopo una permanenza a Londra, per occuparsi delle piante dei Royal Botanic Gardens di Kew, rientrato a Parigi, venne introdotto a corte divenendo in un primo tempo insegnante delle imperatrici Giuseppina e di Maria Luisa, prima e seconda consorte di Napoleone I e, di seguito, anche docente di Luisa d'Orléans, madre di Carlotta.

L'opera si compone di otto volumi di grandi dimensioni. Ogni libro riporta sul risvolto interno della coperta finale l'etichetta *Bibliothèque de S. M. la Reine des Belges*, si tratta cioè di una pubblicazione di proprietà della regina dei Belgi, Luisa d'Orléans, madre di Carlotta. L'autore conobbe direttamente la principessa d'Orléans durante gli anni della sua attività presso la corte reale francese. L'opera era stata pubblicata sotto il patrocinio dell'imperatrice Giuseppina Bonaparte tra il 1802 e il 1816. Il primo volume si apre con una prefazione scritta dall'autore. Negli otto tomi si susseguono 603 specie di Liliacee, per ciascuna delle quali viene redatta una descrizione scientifica corredata da una tavola cromolitografica. In chiusura di ogni volume è allegato l'indice delle specie presentate. Molte delle specie trattate nella pubblicazione ornano attualmente i giardini di Miramare, tra queste narcisi, crochi, agapanthus, emerocalli, la canna indica, la iucca, l'agave e i muscari.

Pierre-Joseph Redouté (1759-1840), originally from the Belgian Ardennes, later moved to Paris, where he specialised in botanical illustration at the Jardin des Plantes. After a period in London, working with the plants of the Royal Botanic Gardens at Kew, he returned to Paris, where he was introduced to the court, becoming the first teacher of the Empresses Josephine and Marie Louise, first and second consorts of Napoleon I, and later also teacher of Louise of Orléans, mother of Charlotte.

The work has eight volumes in a large format. The inside flap of the final cover of each book is labelled *Bibliothèque de S. M. la Reine des Belges*, meaning that this publication was the property of the queen of the Belgians, Louise of Orléans, mother of Charlotte. The author was directly acquainted with the princess of Orléans during his years working at the French royal court. The work was published under the patronage of the Empress Josephine Bonaparte between 1802 and 1816. The first volume opens with a preface written by the author. The eight tomes contain 603 species of Liliaceae, with scientific description and a chromolithograph. At the end of each volume there is an annexed index of the species presented. Many of the species covered in the publication currently bloom in the gardens of Miramare, including narcissus, crocus, agapanthus, daylily, canna indica, yucca, agave and muscari.

34. Redouté Pierre-Joseph - Thory, Claude Antoine

Les roses, Paris 1817-1824.

[3 vv./vols; 1: 460 × 310 × 41 mm; 2: 460 × 310 × 4 mm; 3: 460 × 310 × 39 mm; n. inv. 3409; Sezione Giardinaggio/Gardening Section]

A redigere le note descrittive per quest'opera di Pierre-Joseph Redouté fu Claude Antoine Thory (1757-1827), parigino, scrittore, naturalista e collezionista di rose.

L'opera è un trattato sistematico in tre tomi sul fiore della rosa. I volumi sono di grande formato e analogamente alla serie de *Les liliacées* sono dotati dell'etichetta *Bibliothèque de S. M. la Reine des Belges,* appartenevano cioè alla biblioteca della madre di Carlotta. Il primo volume si apre con una nota autografa, in cui si dichiara che dell'opera stampata su carta da Redouté e con doppia immagine di rose esistono solo 5 esemplari, e quello di Miramare è il numero 3. Seguono una corona di rose nelle due versioni bianco e nero e colori, con un passo di Anacreonte in greco, un ritratto di Redouté e una breve introduzione. Il corpo della pubblicazione è costituito dalla descrizione scientifica di 162 tipologie di rose, introdotte da una doppia illustrazione in bianco e nero e a colori. Chiudono ogni tomo gli indici analitici.

The descriptive notes for this work by Pierre-Joseph Redouté were written by Claude Antoine Thory (1757-1827), Parisian writer, naturalist and rose collector.

The work is a systematic treatise in three volumes on the Rose flowers. The books are in a large format and similarly to the Liliaceae series are provided with the label *Bibliothèque de S. M. la Reine des Belges,* as they belonged to the library of Charlotte's mother. The first volume begins with a hand-written note, declaring that the work printed by Redouté with double images of roses has only five copies, with the Miramare copy being the third. This is followed by a wreath of roses in black-and-white and colour versions, with a passage from Anacreon in Greek, a portrait of Redouté and a brief introduction. The body of the publication is composed of a scientific description of 162 types of roses, introduced by a double illustration in black and white and colour. Each volume ends with analytical indexes.

35. Redouté Pierre-Joseph
Le bouquet royal, Paris 1843.

[1 v.; 460 × 332 × 9 mm; n. inv. 3410; Sezione Giardinaggio/Gardening Section]

Opera postuma di Redouté, dedicata nel 1843 a Sua Maestà la regina dei Francesi, a cura della vedova e della figlia di Redouté. Dopo il frontespizio, seguono la dedica alla regina e un ritratto a matita di Redouté, a cura di Mademoiselle Godefroy e del litografo Féroglio. È un portfolio di quattro ritratti di rose a cui vengono attribuiti nomi femminili. Si tratta della rosa Amélie, ovvero la regina Maria Amalia, nonna materna di Carlotta; la rose Hélène, nuora di Maria Amalia, moglie di Ferdinando Filippo d'Orléans; la rosa Clementine, figlia di Maria Amalia, zia di Carlotta; la rosa Adélaïde, cognata di Maria Amalia, prozia di Carlotta.

A posthumous work by Redouté, dedicated in 1843 to her majesty the Queen of the French, by the widow and daughter of Redouté. The title page is followed by the dedication to the Queen and a portrait in pencil of Redouté by Mademoiselle Godefroy and the lithographer Féroglio. The work is a portfolio of four depictions of roses given female names. These are the rose Amélie, named after Queen Marie Amélie, Charlotte's maternal grandmother; the rose Hélène, after the daughter-in-law of Marie Amélie, wife of Ferdinand Philippe, Duke of Orléans; the rose Clementine, after the daughter of Marie Amélie, Charlotte's aunt; and the rose Adélaïde, after the sister-in-law of Marie Amélie, Charlotte's great-aunt.

LA ROSE CLEMENTINE

36. Redouté Pierre-Joseph

Choix de Soixante Roses, Paris-London 1836.

[3 fascc.; 1: 550 × 385 × 5 mm; 2: 575 × 400 × 3 mm; 3: 575 × 405 × 3 mm; n. inv. 3409a; Sezione Giardinaggio/Gardening Section]

Come si evince dal frontespizio, il progetto dell'opera consisteva in 15 uscite (*Livraison*), previste ogni due mesi, a cura di Pierre-Joseph Redouté. La pubblicazione conservata a Miramare ne comprende solo tre. La prima si apre con la dedica dell'autore a Sua Maestà la regina dei Belgi, Luisa d'Orléans, madre di Carlotta, datata Parigi 22 ottobre 1835. Redouté, in qualità di suo vecchio maestro (*vieux maitre*), precisa che Luisa è per lui doppiamente regina. Come artista egli infatti opera in Francia, alla cui corte Luisa ha vissuto, ma è nato in Belgio, dove lei regna. Ogni fascicolo contiene 4 tavole di rose di diverse tipologie. Solo il primo fascicolo contiene anche un'introduzione.

As seen from the title page, 15 issues (*Livraison*) were planned for the work, on a two-monthly basis, prepared by Pierre-Joseph Redouté. The publication held in the Miramare collection only contains three of these. The first begins with a dedication from the author to her highness, Queen of the Belgians, Louise of Orléans, mother of Charlotte, dated Paris 22 October 1835. Redouté, as her old teacher (vieux maitre), states that Luisa is doubly queen for him. As an artist he works in France, at whose court Luisa lived, but was born in Belgium, where she reigns. Each fascicle contains 4 plates depicting various types of roses. Only the first fascicle includes an introduction.

37. Robiati, Ambrogio

Atlante elementare di botanica, Milano 1847.

[1 v.; 250 × 180 × 28 mm; n. inv. 2115; Sezione Botanica/Botany Section]

L'autore, ingegnere e naturalista, fondò a Milano un Istituto per l'insegnamento di materie scientifiche e fu promotore della Società geologica, futura Società italiana di Scienze Naturali, di cui divenne in seguito presidente onorario.

Dopo una dedica a Giuseppe Balsamo Crivelli, botanico e naturalista, il volume si apre con un'introduzione scientifica, che include trattazioni sulla morfologia delle piante, il loro funzionamento e le classificazioni. Segue la parte descrittiva delle specie corredata da 50 tavole cromolitografiche.

The author, an engineer and naturalist, founded an institute in Milan for the teaching of scientific subjects and was a promoter of the Geological Society, which went on to become the Italian Society of Natural Sciences, of which he became honorary Chairman.

After a dedication to Giuseppe Balsamo Crivelli, botanist and naturalist, the volume opens with a scientific introduction that includes presentation of the morphology of plants, their function and classifications. This is followed by the descriptive part, presenting species accompanied with 50 chromolithographs.

38. Schleiden, Matthias Jacob

Die Pflanze und ihr Leben, Leipzig 1858.

[1 v.; 230 × 160 × 28 mm; n. inv. 2062; Sezione Opere che trattano tutte o molte scienze naturali/Section Works dealing with all or many natural sciences]

Matthias Jakob Schleiden (1804-1881), dopo una prima formazione in giurisprudenza, studiò medicina e botanica a Gottinga, Berlino e Jena, dove in seguito ottenne la cattedra. Ritiratosi a vita privata, si dedicò alla divulgazione scientifica. Fu uno dei formulatori della teoria cellulare.

L'opera reca sul dorso il monogramma di Massimiliano e all'interno l'etichetta della casa editrice Sperling, di Lipsia, presso cui sono stati stampati anche altri volumi della biblioteca (v. cat. 24). Il volume è dedicato a Wilhelmine Marie Sophie Louise, granduchessa di Sachsen-Weimar-Eisenach. Aprono la pubblicazione una prefazione dell'autore e un'introduzione generale. Si susseguono poi 14 sezioni costituite da docenze (*Vorlesung*) su varie tematiche concernenti piante, meteo, acqua, mare, uomo, il cactus, la geografia delle piante, la storia del mondo vegetale. A fianco del frontespizio è stampata una cromolitografia con un'immagine composta di frutta, bicchieri di vino e uccelli in un ambiente interno, mentre all'inizio di ogni sezione, è inserita una litografia in bianco e nero, relativa al tema trattato. A introdurre il capitolo sulla pianta del cactus, una raffigurazione della vegetazione messicana.

Matthias Jakob Schleiden (1804-1881), after an initial education in law, studied medicine and botany in Göttingen, Berlin and Jena, where he went on to become Professor. Retiring into private life, he dedicated his time to scientific publications. He was one of the theorists behind cellular theory.

The work bears Maximilian's monogram on the spine and inside the label of the publisher Sperling, of Leipzig, which also published other volumes in the library (see cat. 24). The volume is dedicated to Wilhelmine Marie Sophie Louise, Grand Duchess of Sachsen-Weimar-Eisenach. The publication opens with a preface by the author and a general introduction. This is followed by 14 sections referred to as lectures (*Vorlesung*) on various topics about plants, weather, water, the sea, man, cactus, geography of plants and the history of the plant world. Alongside the title page is a printed chromolithograph with an image composed of fruit, glasses of wine and birds in an indoor setting, and the start of each section has a black-and-white lithograph corresponding to the topic discussed. The chapter on cactus is introduced with a depiction of Mexican vegetation.

Oelfarbendruck v. J.G. Bach in Leipzig

39. Schmidt, Eduard Oskar,

Die Spongien des Adriatischen Meeres, Leipzig 1862.

[1 v.; 370 × 284 × 10 mm; n. inv. 2122; Sezione Botanica/Botany Section]

L'autore (1823-1886) è un botanico e zoologo tedesco, che dopo la formazione a Halle, insegnò in diverse città. Durante una permanenza in Dalmazia, si occupò dello studio delle spugne nell'Adriatico, che confluì in questo volume.

Nell'introduzione compare una presentazione del lavoro di ricognizione in Dalmazia, a Venezia e a Trieste. Segue una breve storia dello studio delle spugne con menzione dei ricercatori, che se ne sono occupati; una descrizione tecnica delle spugne; delle tipologie individuate nelle aree monitorate e una classificazione. Chiudono 7 tavole illustrative con relativa lista.

The author (1823-1886) was a German botanist and zoologist who taught in various cities after his education in Halle. During his time in Dalmatia, he studied the sponges of the Adriatic; work which is included in this volume.

The introduction includes an illustration of his field work in Dalmatia, Venice and Trieste. A brief history of the study of sponges follows, with mention of the different researchers, a technical description of sponges, types identified in the areas monitored and a classification. It concludes with seven plates and a corresponding list.

40. Schott, Heinrich Wilhelm,

Synopsis Aroidearum: complectens enumerationem systematicam generum et specierum hujus ordinis, Wien 1856.

[1 v.; 215 × 140 × 16 mm; n. inv. 2117; Sezione Botanica/Botany Section]

Heinrich Wilhelm Schott (1794-1865) fu un botanico austriaco a cui si devono numerosi trattati sulla famiglia delle *Araceae*. Dopo aver partecipato a una spedizione in Brasile, da cui importò alcune specie botaniche, dal 1828, diventò capogiardiniere di corte di Vienna e, qualche anno dopo, direttore dei giardini e dello zoo imperiale. Diresse i lavori di modifica parziale del parco di Schönbrunn in parco all'inglese.

L'opera è edita in latino ed è priva di illustrazioni. È una trattazione sistematica sulla pianta delle *Aroideae*. Dopo un prospetto iniziale, ne vengono analizzate e descritte tribù, generi e specie. In chiusura un indice finale.

Heinrich Wilhelm Schott (1794-1865) was an Austrian botanist who authored various works on the *Araceae* family. After participating in an expedition to Brazil, from which he imported some botanical species, in 1828 he became head gardener to the Viennese court and, a few years later, the director of the imperial gardens and zoo. He directed works for the partial modification of the Schönbrunn park into an English-style park.

The work is written in Latin and without illustrations. It is a systematic treatise of the plants *Aroideae*. After an initial overview, the different tribes, genera and species are analysed and described. The volume ends with a final index.

41. Schott, Heinrich Wilhelm

Genera Aroidearum, Wien 1858.

[1 v.; 388 × 290 × 246 mm; n. inv. 2116; Sezione Botanica/Botany Section]

42. Seemann, Berthold

Die Palmen: populäre Naturgeschichte derselben und ihrer Verwandten, Leipzig 1857.

[1 v.; 220 × 160 × 20 mm; n. inv. 2119; Sezione Botanica/Botany Section]

Dopo il frontespizio, seguono una citazione di Linneo e una dedica ad Alexander von Humboldt. L'indice apre la pubblicazione, che consiste in una raccolta di 98 tavole descrittive (recto e verso), in latino, di altrettanti generi di *Aroideae*, con un'appendice finale. In chiusura sono inserite 98 tavole litografate in bianco e nero di ciascuna specie, complete di illustrazioni delle singole componenti.

After the title page there is a quote by Linnaeus and a dedication to Alexander von Humboldt. An index opens the work, which consists of a collection of 98 descriptive plates (front and back) in Latin, for 98 genera of *Aroideae*, with a final appendix. It concludes with 98 black-and-white lithographs featuring each of the genera, complete with illustrations of individual components.

Berthold Carl Seemann (1825-1871) fu un botanico tedesco, che partecipò come naturalista ad alcune spedizioni in America centrale, soprattutto a Panama, Venezuela, Nicaragua, e lavorò nei giardini botanici di Hannover e Kew in Inghilterra. Uno dei suoi libri di viaggio fa parte della collezione della biblioteca di Miramare (*Reise um die Welt und drei Fahrten der Königlich Britischen Fregatte Herald nach dem nördlichen Polarmeere zur Aufsuchung Sir John Franklins in den Jahren 1845-1851*, Hannover 1853).

L'opera presenta il monogramma di Massimiliano sul dorso. È dedicata ad Alexander von Humboldt, di cui nell'introduzione viene pubblicata una lettera all'autore datata giugno 1855 e la risposta di quest'ultimo del dicembre dello stesso anno. Il testo è una trattazione sistematica sulla specie della palma. Si apre con una cromolitografia di un paesaggio orientale con palma ed è completata da alcune illustrazioni in bianco e nero nel corpo del testo.

Berthold Carl Seemann (1825-1871) was a German botanist who participated as a naturalist in several expeditions to central America, especially to Panama, Venezuela and Nicaragua, and worked in the Botanical Gardens of Hannover and Kew in England. One of the books on his trips is part of the collection of the Miramare library (*Reise um die Welt und drei Fahrten der Königlich Britischen Fregatte Herald nach dem nördlichen Polarmeere zur Aufsuchung Sir John Franklins in den Jahren 1845-1851*, Hannover 1853).

The work presents Maximilian's monogram on the spine. It is dedicated to Alexander von Humboldt and the introduction includes a letter to the author dated June 1855 and the reply from the latter in December of the same year. The text is a systematic treatise of the palms. It opens with a chromolithograph of an oriental landscape with a palm and is completed by several black-and-white illustrations within the text.

43. Siebeck, Rudolph

Ideen zu kleinen Gartenanlagen auf vierundzwanzig colorirten Plänen, Leipzig 1857.

[1 v./fasc.; 388 × 319 mm; n. inv. 3402; Sezione Giardinaggio/Gardening Section]

44. Siebeck, Rudolph

Die Verwendung der Blumen und Gesträuche zur Ausschmückung der Gärten: mit Angabe der Höhe, Farbe, Form, Blüthezeit und Cultur derselben, Leipzig 1860.

[in fascc.; 232 × 292 × 10 mm; s.n./n.n.]

Rudolph Siebeck (1812-1878), giardiniere e botanico, attivo prima a Lipsia e poi a Vienna ricoprendo tra i vari incarichi anche quello di primo direttore dei giardini della città e responsabile del verde pubblico. Tra le sue opere, si annovera la pianificazione dello Stadtpark di Vienna, in collaborazione con Joseph Selleny, l'illustratore che fu a bordo della fregata *Novara*, durante la circumnavigazione del globo (1857-1859).

Pubblicazione di 12 fascicoli (*Lieferung*), con un fascicolo conclusivo (*Schlusslieferung*). Come testimoniato dai frontespizi, ogni *Lieferung* contiene un volumetto esplicativo diviso in due parti. La prima è un elenco delle specie floreali utilizzabili per l'ornamentazione dei giardini paesaggistici. Le specie sono presentate in ordine alfabetico, progressivo in tutta l'opera. La seconda parte consiste nella legenda relativa alle planimetrie racchiuse nel fascicolo corrispondente. Ogni fascicolo include poi due tavole relative a diverse tipologie di giardino paesaggistico, di cui vengono raffigurate le aree verdi, ad aiuola e a bosco, padiglioni, piazzali, corsi d'acqua, laghetti, fontane. Ogni elemento rappresentato riporta un numero, illustrato poi dalla legenda contenuta nel testo esplicativo. Come documentato dal frontespizio, il fascicolo conclusivo conteneva il titolo dell'opera e due libelli: uno con le spiegazioni relative alle planimetrie e uno sull'utilizzo dei fiori. Dei libelli esplicativi, solo quello afferente al primo fascicolo è presente e sembra essere stato poco consultato, per le pagine ancora unite una all'altra. Per gli altri fascicoli, invece, i testi illustrativi vanno integrati con la pubblicazione successiva, *Die Verwendung der Blumen und Gesträuche zur Ausschmückung der Gärten: mit Angabe der Höhe, Farbe, Form, Blüthezeit und Cultur derselben*, datata 1860, non ancora rilegata.

Rudolph Siebeck (1812-1878), a gardener and botanist based first in Leipzig and then in Vienna, covered various roles including being the first director of the city gardens and manager of public spaces. His works include planning of Vienna's *Stadtpark* in collaboration with Joseph Selleny, the illustrator who was on board the frigate *Novara* during its circumnavigation of the globe (1857-1859).

The publication has 12 fascicles (*Lieferung*), and a final fascicle (*Schlusslieferung*). As indicated on the title pages, each *Lieferung* contains a small explanatory volume divided into two parts. The first is a list of the floral species that can be used for ornamental purposes in landscaped gardens. The species are presented in alphabetic order, continuing throughout the work. The second part consists of the legend for the plans included in the corresponding fascicle. Each fascicle then includes two plates for different types of landscaped gardens, depicting green areas, flowerbeds and woodland, pavilions, courts and water courses, lakes and fountains. Each element is numbered, illustrated in the legend contained in the explanatory text. As documented in the title page, the final fascicle contained the title of the work and two pamphlets: one with explanations regarding the plans and one on the use of flowers.
Of the explanatory pamphlets, only that for the first fascicle is present and seems to have been consulted very little, as the pages are still attached to one another. For the other fascicles, the illustrative texts are supplemented with the subsequent publication *Die Verwendung der Blumen und Gesträuche zur Ausschmückung der Gärten: mit Angabe der Höhe, Farbe, Form, Blüthezeit und Cultur derselben*, dated 1860, still unbound.

45. Unger, Franz

Versuch einer Geschichte der Pflanzenwelt, Wien 1852.

[1 v.; 220 × 153 × 25 mm; n. inv. 2123; Sezione Botanica/Botany Section]

46. Wawra von Fernsee, Heinrich – Peyritsch, Johann

Sertum Benguelense, Wien 1860.

[1 v.; 235 × 152 × 8 mm; n. inv. 2131; Sezione Botanica/Botany Section]

Franz Unger (1800-1870), dopo gli studi in giurisprudenza a Graz, si laureò in medicina a Vienna. Successivamente agli anni di pratica come medico, intraprese la strada della botanica, divenendo direttore dell'orto botanico di Graz e poi docente di botanica prima a Graz e dopo a Vienna. Viaggiò molto in Europa e nei Paesi del Mediterraneo e pubblicò numerosi scritti.

Il volume è dedicato al botanico danese J. F. Schouw e si apre con una citazione di Alexander von Humboldt. È un trattato sulla formazione del mondo vegetale, con attenzione agli aspetti geologici e paleontologici. In una sezione si esaminano i resti fossili. Il testo è corredato da qualche schizzo esplicativo in bianco e nero.

Franz Unger (1800-1870), after studying law in Graz, graduated in medicine from Vienna. After a few years of practise as a doctor, he started his career in botany, becoming director of the botanical gardens of Graz and then lecturer in botany first in Graz and later in Vienna. He travelled widely in Europe and Mediterranean countries and published numerous written works.

The volume is dedicated to the Danish botanist J. F. Schouw and opens with a citation from Alexander von Humboldt. It is a treatise on the formation of the world of plants, looking at geological and palaeontological aspects. One section examines fossilised remains. The test is accompanied by a few explanatory sketches in black and white.

Heinrich Blasius (Jindřich Blažej) Wawra (Wáwra, Vávra) von Fernsee (1831-1887) fu un botanico e medico, originario della Moravia. Dopo la formazione all'Università di Vienna, divenne medico della Marina austriaca e intraprese diversi viaggi, nel Mediterraneo, in Sudafrica, in Brasile, a bordo della fregata *Novara* verso il Messico con la coppia imperiale nel 1864 e negli anni successivi in Estremo Oriente. Tutti i viaggi furono occasione di studio e approfondimento di temi botanici, confluiti poi in numerose pubblicazioni.

Johann Josef Peyritsch (1835-1889) fu botanico e medico austriaco (v. cat. 30).

L'opera si occupa della tappa a Benguela della corvetta Carolina, salpata da Trieste alla fine di aprile 1857, con la fregata *Novara*, in partenza per la circumnavigazione del globo. Il libro, privo di illustrazioni, ha una rilegatura di lusso, in tessuto bianco, con decorazioni dorate. Viene illustrato il viaggio della corvetta, che, dopo la sosta in Brasile, attraversa l'oceano Atlantico e arriva in Sudafrica per attraccare a Benguela e a Luanda, entrambe in Angola. Dopo le tappe all'isola di Ascensione e di Capoverde, la corvetta rientra infine a Trieste. Centrale è la descrizione della sosta a Benguela e nei suoi dintorni, con una trattazione sistematica sulla vegetazione della regione e un catalogo delle specie botaniche analizzate. Tra le specie, si annovera la *Polanisia Maximiliani*, chiamata così in onore di Massimiliano. Chiude il volume, un trattatino sulle valute attestate nei luoghi visitati.

Heinrich Blasius (Jindřich Blažej) Wawra (Wáwra, Vávra) von Fernsee (1831-1887) was a botanist and doctor originating from Moravia. After his studies at the University of Vienna, he became a doctor of the Austrian navy and participated in various voyages, to the Mediterranean, South Africa, Brazil, on board of the frigate *Novara* towards Mexico with the imperial couple in 1864 and in the following years to the Far East. All of these voyages represented an opportunity to study and develop botanical understanding, which became the subject of numerous publications.

Johann Josef Peyritsch (1835-1889) was an Austrian botanist and doctor (see cat. 30).

The work deals with the stop in Benguela of the corvette Carolina, which set sail from Trieste at the end of April 1857 with the frigate *Novara*, on its departure to circumnavigate the globe. The book, which has no illustrations, features a luxury binding in white fabric with gilded decoration. There are details of the voyage of the corvette, which, after stopping in Brazil, crossed the Atlantic and arrived in South Africa to dock in Benguela and Luanda, both in Angola. After dropping anchor at the Ascension Island and Cape Verde, the corvette finally returned to Trieste. The stop in Benguela and its surroundings features centrally in the work, with systematic description of the vegetation in the region and a catalogue of the botanical species analysed. These species include *Polanisia Maximiliani*, named in honour of Maximilian. The volume concludes with a small section on the currencies encountered in the places visited.

47. Wawra von Fernsee, Heinrich – Maly, Franz

Neue Pflanzenarten: gesammelt auf der transatlantischen Expedition Sr. k. Hoheit des durchlauchtigsten Herrn Erzherzogs Ferdinand Maximilian, Wien 1862-1863.

[1 v.; 205 × 140 × 8 mm; n. inv. 2132; Sezione Botanica/Botany Section]

Franz Maly (1823-1891) fu un giardiniere e botanico boemo, che prese parte alla spedizione in Brasile con Massimiliano (1859-1860) e viaggiò molto nella regione balcanica. Ebbe vari incarichi come giardiniere in istituzioni viennesi, tra cui la Hofburg, il Belvedere e il Burggarten.

Gli autori Heinrich Wawra e Franz Maly descrivono alcune varietà di piante esaminate durante la spedizione in Brasile (novembre 1859 - marzo 1860) effettuata a bordo dell'imbarcazione *Elisabeth* con l'arciduca Massimiliano. I testi sono in latino e tedesco. L'opera esce a fascicoli durante il 1862 e il 1863. Tra le altre, vengono trattate le *Tapeinotes Carolinae*, il cui nome viene dato in onore di Carlotta; la *Lasiandra Imperatoris*, dal nome dell'imperatore del Brasile e la *Passiflora Jileki*, dal nome del medico August Jilek, vicino a Massimiliano. Si elencano anche le piante portate a Schönbrunn, tra cui le *Aroideae*.

Franz Maly (1823-1891) was a gardener and botanist who participated in the expedition to Brazil with Maximilian (1859-1860) and travelled widely around the Balkans. He held various roles as a gardener in Viennese institutions, including the Hofburg and Belvedere palaces and the Burggarten park.

The authors Heinrich Wawra and Franz Maly describe certain varieties of plants examined during the expedition to Brazil (November 1859 - March 1860) undertaken on the vessel *Elizabeth* with the Archduke Maximilian. The texts are in Latin and German. The work was published as fascicles during 1862 and 1863. Amongst other species, the work analyses *Tapeinotes Carolinae*, named in honour of Charlotte, *Lasiandra Imperatoris*, from the name of the Emperor of Brazil, and *Passiflora Jileki*, named after the doctor August Jilek, who was close to Maximilian. There is also a list of plants brought back to Schönbrunn, including *Aroideae*.

48. Wawra von Fernsee, Heinrich

Botanische Ergebnisse der Reise Seiner Majestät des Kaisers von Mexico Maximilian I. nach Brasilien (1859-60), Wien 1866.

[1 v.; 499 × 380 × 60 mm; n. inv. 2132a; Sezione Botanica/Botany Section]

L'opera, di grandi dimensioni, pubblicata nel 1866, è la presentazione dei risultati botanici del viaggio in Brasile compiuto da Massimiliano da novembre 1859 a marzo del 1860, assieme all'autore stesso e al giardiniere Franz Maly. La trattazione sarà completata con la pubblicazione sulle *Aroideae* del 1879 (v. cat. 30). Sul frontespizio spicca lo stemma dell'impero messicano. Il volume si divide in due parti. Nell'introduzione, redatta in tedesco, si leggono il resoconto della spedizione in Brasile, la presentazione della collezione botanica e l'analisi corrispondente. La prima parte dell'opera è una trattazione scientifica della collezione, in tedesco e in latino, a cui segue un elenco di tutte le specie analizzate (*Arten-Register*) in ordine alfabetico. La seconda parte, dopo il frontespizio e l'indice delle tavole (*Tafel-Register*), è una raccolta di 32 tavole cromolitografiche di alcune delle specie esaminate. Autori delle illustrazioni sono il pittore Joseph Seboth e la tipografia viennese Anton Hartinger und Sohn, specializzata in litografie in bianco e nero e a colori. In questa sezione compaiono, tra le altre, le specie *Myrcia Imperatoris Maximiliani*, *Bignonia Imperatoris Maximiliani* e la *Oncidium Imperatoris Maximiliani*, dedicate a Massimiliano, imperatore del Messico; la *Tapeinotes Carolinae*, in onore della consorte Carlotta; la *Lasiandra Imperatoris*, chiamata così per celebrare l'imperatore Pedro II del Brasile, e infine la *Passiflora Jileki*, in omaggio al medico amico di Massimiliano, August Jilek. Di seguito, la sezione con le tavole dalla 33 alla 104, a cura degli stessi autori, ma in bianco e nero, con la raffigurazione di altre specie brasiliane oggetto di studio.

The work, in a large format, was published in 1866, and presents the botanical findings of the voyage to Brazil of Maximilian from November 1859 to March 1860, together with the author and gardener Franz Maly. The content was completed with the 1879 publication on *Aroideae* (see cat. 30). The title page bears the Mexican imperial coat of arms. The volume is divided into two parts. The German introduction provides a general account of the expedition to Brazil, presentation of the botanical collection and corresponding analysis. The first part of the work is a scientific treatise on the collection, in German and Latin, followed by a list of all species analysed (*Arten-Register*) in alphabetical order. The second part, after the title page and index of plates (*Tafel-Register*), is a collection of 32 chromolithographs of some of the species examined. The authors of the illustrations are painter Joseph Seboth and Viennese printers Anton Hartinger und Sohn, specialists in black-and-white and colour lithographs. Amongst other species, this section includes *Myrcia Imperatoris Maximiliani*, *Bignonia Imperatoris Maximiliani* and *Oncidium Imperatoris Maximiliani*, dedicated to Maximilian, Emperor of Mexico, *Tapeinotes Carolinae*, in honour of his consort Charlotte, *Lasiandra Imperatoris*, named in honour of Emperor Pedro II of Brazil, and finally *Passiflora Jileki*, in honour of doctor and friend of Maximilian, August Jilek. This is followed by a section with plates 33 to 104, by the same authors but black and white, with depiction of other Brazilian species studied.